0-3岁宝宝辅食添加全攻略

双福　杨红　等编著

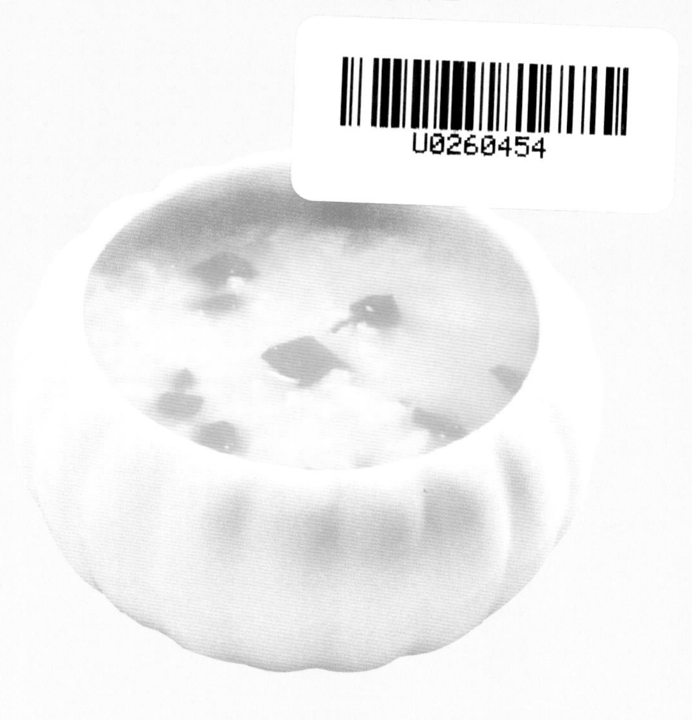

·北京·

本书立足于宝宝健康成长，给宝宝搭配具有针对性的、适合不同阶段的健康辅食。

全书以宝宝的营养配餐为核心，重点推介0～3岁不同阶段的辅食食谱，涵盖辅食喂养基础，辅食制作基本知识，各阶段辅食添加全攻略，大人餐、宝宝餐一起做，宝宝功能性食谱等内容。

每个阶段给出一日膳食安排，以不同食材的不同添加时间为重点，让妈妈们作为参照。每样辅食的做法都简单易学，让新手爸妈们轻松上手。更有大人餐+宝宝餐一起做的省时辅食，以及宝宝功能性食谱，满足宝宝的食疗护理等需求。另外，喂养指导也是新手爸妈们重点关注的内容，采用总体指导+每阶段细节指导相结合。随书附赠3～6岁幼儿园成长食谱，更加实用和贴心。

希望所有宝宝能吃得好，长得壮，健康成长。

图书在版编目（CIP）数据

0-3岁宝宝辅食添加全攻略/双福等编著. —北京：化学工业出版社，2017.8

ISBN 978-7-122-29951-2

Ⅰ. ①0… Ⅱ. ①双… Ⅲ. ①婴幼儿-食谱 Ⅳ. ①TS972.162

中国版本图书馆CIP数据核字（2017）第136753号

责任编辑：马冰初　李锦侠
责任校对：王素芹
统　　筹：
摄　　影：
装帧设计：双福 SF 文化·出品 www.shuangfu.cn

出版发行：化学工业出版社（北京市东城区青年湖南街13号　邮政编码 100011）
印　　装：天津图文方嘉印刷有限公司
710mm × 1000mm　1/16　印张14½　字数304千字
2019年3月北京第 1 版第 1 次印刷

购书咨询：010-64518888
售后服务：010-64518899
网　　址：http://www.cip.com.cn
凡购买本书，如有缺损质量问题，本社销售中心负责调换。

定　　价：58.00元

Part 1 辅食喂养基础

Part 2 辅食制作基本知识

Part 3 各阶段辅食添加全攻略

6个月吞咽期

7～9个月蠕嚼期

10～12个月细嚼期

13 ~ 24个月咀嚼期

2～3岁幼儿期

Part 4　大人餐、宝宝餐一起做

Part 5 宝宝功能性食谱

Part 1

辅食喂养基础

◎世界卫生组织、《中国居民膳食指南(2016)》对宝宝辅食添加的建议

◎常见辅食添加知识问答

世界卫生组织、《中国居民膳食指南(2016)》对宝宝辅食添加的建议

世界卫生组织

世界卫生组织在第55届世界卫生大会上通过并制定了一项儿童和青少年健康与发育战略。

此战略指出：良好的营养是健康成长的基础。营养与疾病是一个循环中的两个环节：营养不良导致疾病，疾病又导致营养问题进一步恶化。这些情况在宝宝中最为明显，营养不良的宝宝更容易产生这种恶性循环。反复感染及不适当的喂养是宝宝营养不良的两个主要原因。宝宝出生6个月以后，母乳无法继续满足宝宝所有的营养需求，他们进入了一个脆弱的、需补充辅助食品的时期，然后才能慢慢过渡到食用并消化成人食品。大多数国家6～8月龄的宝宝，营养不良的发病率在直线上升，而这一阶段的营养缺乏很难在童年后期得到补偿。

此战略还提出，要在不同领域采取有效措施维护妈妈和宝宝的健康。

1. 6月龄末时适当补充辅助食品，继续母乳喂养至 2 岁或以上。

2. 与初级卫生保健提供者建立积极的联系。

3. 通过交流与玩耍给予刺激。

4. 完成免疫接种。

5. 预防、早期发现与及时处理主要传染病，包括急性呼吸道感染、腹泻、麻疹、疟疾、HIV/AIDS。

6. 预防与处理营养不良，包括微量营养素缺乏。

7. 发现与处理视觉与听觉失能。

《中国居民膳食指南（2016）》建议

7～24月龄婴幼儿喂养指南

- 继续母乳喂养，满6月龄起添加辅食。
- 从富含铁的泥糊状食物开始，逐步添加达到食物多样化。
- 提倡顺应喂养，鼓励但不强迫进食。
- 辅食不加调味品，尽量减少糖和盐的摄入。
- 注意饮食卫生和进食卫生。
- 定期检测体格指标，追求健康生长。

推荐一　继续母乳喂养，满6月龄起添加辅食

◆婴儿满6月龄后仍需继续母乳喂养，并逐渐引入其他食物。

◆辅食是指除母乳和/或配方奶以外的其他各种性状的食物。

◆有特殊需要时须在医生的指导下调整辅食添加时间。

◆不能母乳喂养或母乳不足的婴幼儿，应选择配方奶作为母乳的补充。

推荐二　从富含铁的泥糊状食物开始，逐步添加达到食物多样化

◆随着母乳量减少，逐渐增加辅食量。

◆首先添加强化铁的婴儿米粉，再逐渐添加蔬菜泥、果泥、肉泥等泥糊状食物。

◆每次只引入一种新的食物，逐步达到食物多样化。

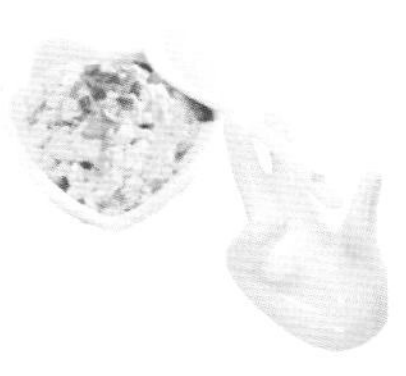

◆从泥糊状食物开始，逐渐过渡到固体食物。

◆辅食中应适量添加植物油。

推荐三　提倡顺应喂养，鼓励但不强迫进食

◆耐心喂养，鼓励进食，但绝不强迫进食。

◆鼓励并协助婴幼儿自己进食，培养进餐兴趣。

◆进餐时不看电视，不玩玩具，每次进餐时间不超过20分钟。

◆进餐时喂养者与婴幼儿应有充分的交流，不以食物作为奖励或惩罚。

◆父母应保持自身良好的进食习惯，成为婴幼儿的榜样。

推荐四　辅食不加调味品，尽量减少糖和盐的摄入

◆婴幼儿辅食应单独制作。

◆保持食物原味，不需要额外加糖、盐及各种调味品。

◆1岁以后逐渐尝试淡口味的家庭膳食。

推荐五　注意饮食卫生和进食卫生

◆选择安全、优质、新鲜的食材。

◆制作过程中始终保持清洁卫生，生熟分开。

◆不吃剩饭，妥善保存和处理剩余食物。

◆饭前洗手，进食时应有成年人看护，并注意进食环境安全。

推荐六　定期检测体格指标，追求健康生长

◆6个月内每月测量一次。

◆6~12个月每2个月测量一次。

◆1~2岁每3个月测量一次。

◆2~3岁每半年测量一次。

◆3~6岁每年测量一次。

◆同时接受发育指导。

怎样才能知道宝宝有没有吃饱？

宝宝每次到底应该喝多少奶或吃多少辅食？只有宝宝自己才能知道。

可以根据以下状态判断宝宝是否吃饱

◆孩子吃奶或辅食后很满足，没有要继续吃的表现。吃奶和辅食要有一定规律，进食后没有呕吐、腹泻等不适表现。

◆添加辅食后，宝宝不困时很兴奋，渴望与家人交流，对周围新鲜事物很有兴趣，体重正常增长，不哭闹。

◆吃了辅食以后的精神和睡眠也都不错。

◆大便每日至少一次，颜色、稠度正常，无较多黏液。

◆宝宝添加辅食后，对照生长曲线连续观察宝宝，发现宝宝的身高、体重都增加得很正常。

◆宝宝每天饮食很规律，辅食接受状况良好，发育正常。

特别提醒

1. 孩子对食物的接受状况非常重要，千万不要以其他孩子的进食状况作为自己孩子进食的标准。

2. 不要强迫、哄骗宝宝进食。这样不仅不利于营养的消化和吸收，也容易诱导孩子出现异常行为，对身体和行为发育都不利。

3. 宝宝对一种新的食物表示拒绝，这是一种基本的防护本能，也称恐新，是宝宝同环境建立关系时完全正常的表现。此时，父母应耐心地少量多次哺喂，直至他完全适应这一新提供的食物为止。一般经过舔、勉强接受、吐出、再喂、吞咽等过程，反复5~15次，经过数天宝宝才能毫无戒心地享受食物。稍微大些后，宝宝味觉发育了，还要注意食物的色、香、味、形，从而诱发食欲，保持宝宝对食物良好的兴奋性。

怎样尽快地掌握科学添加辅食的方法

从少到多

即在哺乳前给予宝宝少量含强化铁的米粉，逐渐增加，调成糊状用勺喂食，6～7月龄后可代替一次乳量。

从一种到多种

例如加蔬菜时，应每种菜泥（蓉）每日尝试1～2次，观察孩子的大便等情况，直至3～4日宝宝习惯后再换另一种，以刺激味觉的发育。加单一食物的方法可帮助了解和发现宝宝是否有食物过敏以及是对哪种食物过敏。

从细到粗

从泥（蓉）状过渡到碎末状可逐渐增加食品的颗粒感，帮助学习咀嚼，促进口腔功能发育，增加食物的能量密度。

从软到硬

随着宝宝年龄的增长，食物有一定硬度可促进宝宝牙齿的萌出和咀嚼功能的形成。

从稀到稠

最开始添加辅食时，宝宝都还没有长出牙齿，所以要给宝宝喂泥糊状食物，逐渐发展到固体食物。

遇到不适停止

宝宝吃了新添加的食物后，要密切观察宝宝的消化情况，如出现腹泻、呕吐，要立即暂停添加该食物，等宝宝恢复正常后再重新少量添加。

不用避开易过敏食物

每个宝宝对食材的过敏情况不同，在添加辅食时可以根据不同阶段的添加建议，对易过敏的食材从极少量开始添加或推迟一点添加，观察时间要更长一些。

从口味淡的开始

父母及喂养者不应以自己的口味来评判，起初加辅食时，应尽量保持食物中的原有口味，再慢慢过渡到少盐、少糖、少刺激的淡口味食物，这样可以减少婴幼儿盐和糖的摄入量，降低儿童期及成人期肥胖、糖尿病、高血压、心血管疾病的患病风险。

常见辅食添加知识问答

Q 老人说，给孩子嚼着喂，孩子长得好。对吗？

家人在为宝宝添加辅食的过程中，经常自觉或不自觉地将食物咀嚼后再喂给宝宝。这是一种本能，不过也是一种不良习惯。因为成人的口腔里有很多病毒和细菌，咀嚼时，这些有害物质会与食物混合，再通过喂食传给宝宝，而宝宝的抵抗力不如成人，因此，这种行为可能导致宝宝患病。宝宝自己咀嚼可以刺激唾液分泌，对吞咽和消化吸收有很大的好处。此外，还有利于下颌骨和咀嚼肌的发育。所以，不要给孩子嚼着喂。

Q 宝宝不吃蛋黄怎么办？

父母可将煮熟的蛋黄放在小盘子里，给宝宝看看、闻闻，甚至用手拍拍，然后先取一小块蛋黄放在嘴里作咀嚼状，使宝宝知道蛋黄是好吃的东西，然后再用白开水将蛋黄调成稀糊状，用勺子给宝宝喂食。如果用白开水调蛋黄宝宝不喜欢，也可以将蛋黄放入米糊中调匀后喂给宝宝吃，不能急躁或是强迫宝宝吃蛋黄。

Q 如何判断宝宝是否对鸡蛋过敏？

观察一下是否真的过敏。8个月以内的宝宝不适宜吃全蛋，蛋白会引起过敏，可试着只给宝宝吃蛋黄，看是否还会过敏。当怀疑宝宝对某种食物过敏时，至少要小量或间隔一段时间试3次左右看宝宝是否会出现同样的反应，以确定是否真的过敏，以免轻易下结论，限制宝宝的食物范围。

Q 辅食的温度多高合适？什么是过冷、过热？

辅食的温度应在37℃左右，大致与人皮肤的温度相同。如果不清楚辅食的温度，可以涂在自己前臂内侧稍微试一试，不要过热，也不要过冷。如果父母习惯了给宝宝做辅食，慢慢就会掌握这个规律了。

Q 宝宝不肯咽食物怎么办?

父母要慢慢引导，不必过于焦虑。宝宝不接受用勺子喂食，这是一个经常遇到的问题。宝宝一出生就以吸吮乳头或胶奶嘴的方式进食乳类食物，突然改成用硬邦邦的勺子来喂食，会感到很别扭，宝宝拒绝也很正常。此时妈妈不要焦虑，可先做示范给宝宝看，然后用勺子给宝宝喂些汤水，让宝宝对勺子逐渐熟悉起来。只要耐心训练，宝宝一定能学会用勺子吃食物。

Q 宝宝吃剩的辅食，下一次还能继续吃吗?

如果是在宝宝吃之前就分开放的食物，一天之内是可以再吃的，但一定要放在冰箱内保存。其实，宝宝吃剩的食物最好是扔掉，因为食物在放置一段时间后，上面会有细菌繁殖，细菌的滋生不仅不卫生，还会产生很多有害物质，比如亚硝酸盐。所以，不仅宝宝不能吃，成人也要尽量避免吃。因此，每次给宝宝做辅食的时候尽量按需而做。对较难制作的食物，如肝泥可以购买婴幼儿专用泥糊状食品。

Q 宝宝添加辅食后，体重增长不足是什么原因?

这说明蛋白质和能量摄入不足，尤其是能量摄入不足。开始添加辅食时，应该保持宝宝每天的奶摄取量，不能减少得过快，更不能取消。随着辅食量的增加，逐渐可替代一顿母乳或配方奶。另外，如果宝宝吃的辅食中蛋白质、能量和多种营养素含量不足，比如辅食过稀，体重也会增长不良。

Q 需要暂缓添加辅食的情况有哪些?

第一，有家族性食物过敏史的宝宝。第二，早产儿。早产的宝宝吸吮–吞咽–呼吸功能发育或协调需要较长的时间，这个时候可能还没发育好。第三，在添加辅食的时候，出现过敏反应的宝宝。父母要注意宝宝对食物有无过敏反应。食物过敏反应可能会导致宝宝胀肚，嘴或肛门周围出现皮疹，腹泻，流鼻涕或流眼泪，异常不安或哭闹。如果出现上述现象，要暂停添加辅食，继续观察，直至确认没有问题后再添加。

Part 2

辅食制作基本知识

◎做辅食，就要有严谨的态度

◎制作辅食的“得力”工具

◎辅食烹调技巧（糊、泥、粥、丸）

◎食材选购关键＋处理方法

◎辅食制作省时小技巧，让新手父母少走弯路

做辅食，就要有严谨的态度

1. 用“好水”清洗、蒸煮、烹调
2. 坚持卫生第一，居家烹调也要“专业”
3. 完全杜绝“防腐剂”和“添加物”
4. “低油、低盐、低糖”煮出宝宝最爱的味道
5. 食材不设限，摄取“全食物”营养
6. “分龄渐进”引导婴幼儿学习进食
7. 营造亲子和乐的用餐气氛

制作辅食的“得力”工具

研磨器

这是很实用的宝宝辅食制作工具。研磨盖既可以作为小碗使用，又可以在研磨食物时作盖子使用；过滤网采用不锈钢材质，干净卫生，很受妈妈们的欢迎。

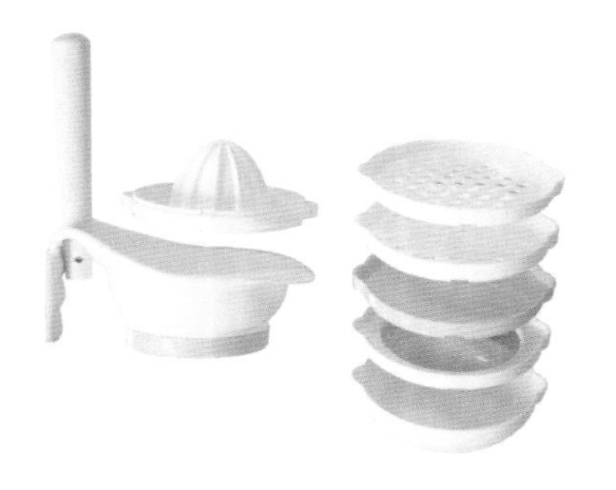

削皮器、刨丝器

削皮器可以去掉蔬果的表皮，刨丝器是做丝、泥类食物必备的用具，一般的不锈钢擦子即可。每次使用后都要清洗干净，晾干，食物细碎的残渣很容易藏在缝隙里，要特别注意。

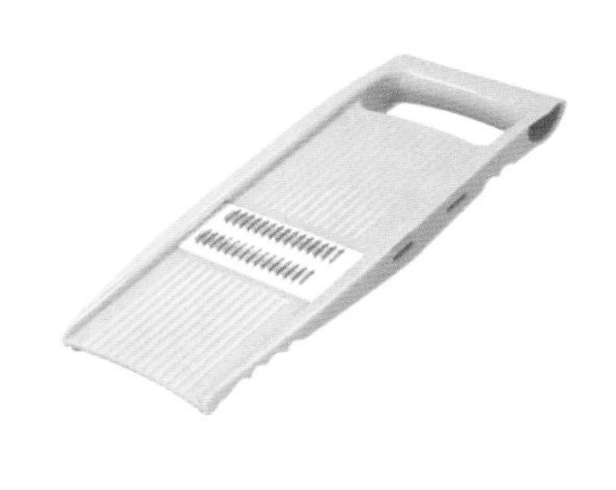

搅棒

这是制作泥糊状辅食的常用工具，一般棍状物体甚至勺子等都可以。若还想省事一点，可以使用搅拌机，同样注意清洁就可以。

蔬果切割器

可将水果（如梨或者苹果等）切割成小块，方便宝宝进食。

食物料理机（榨汁机／搅拌机）

可以用来将食物打成泥状。

最好选购有特细过滤网且可分离部件清洗的。因为食物料理机是常用工具，如果清洗不干净，特别容易滋生细菌，所以在清洁方面要多用心。

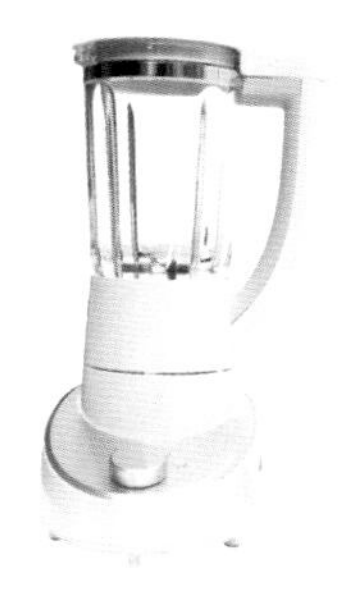

量勺

热爱烘焙的妈妈应该会很熟悉，这种烹饪辅助工具常见于西点制作当中，在宝宝辅食的制作中可以有效帮助妈妈们掌控好辅食的量，对于宝宝的食量控制，也是非常重要的。

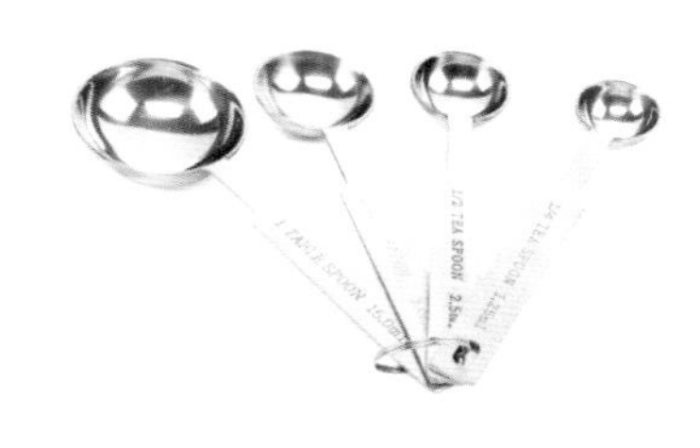

砧板

最好给宝宝准备专用菜板制作辅食，每次用后清洗、晾干，小号的砧板，更适合为宝宝制作辅食时使用，建议选用竹制砧板，竹制砧板更不易滋生细菌，使用起来更卫生。

刀具

给宝宝做辅食用的刀最好专用，并且生、熟食所用刀具分开，故购买时，应至少购买两把刀具。每次做辅食前后都要将刀洗净、擦干，收纳时也一定要将切生食和熟食的刀分开。

过滤器、过筛器

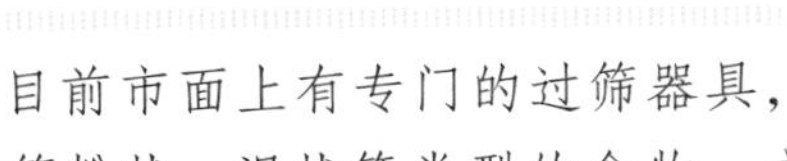

目前市面上有专门的过筛器具，可过筛粉状、泥状等类型的食物，方便实用，且易于清洗。

小汤锅

烫熟食物或煮汤用，也可以用普通的大汤锅，但大汤锅水分容易蒸发，粘在锅上的辅食量也大，用小汤锅能避免这些，但最好选择带透明盖的小汤锅。

计量杯

计量杯用来测量溶解宝宝方便食物的水量或是测量宝宝辅食原料的数量，计量杯最好选用耐热的玻璃杯，以能直接放进微波炉中进行加热的为佳。

BB煲

既能预约煲煮起始时间，又能设置煲煮时间，微电脑控制，具有预约、定时功能，方便家长根据食物特点科学设置煲煮时间；具有自动、快炖、慢炖等多项功能，操作简便，适用于煲煮不同食物。有的带有蒸笼，有蒸煮的功能。

辅食烹调技巧（糊、泥、粥、丸）

糊类辅食

基本步骤

原味糊：将蔬菜、肉类等洗净，蒸熟，放入搅拌工具中，加少量温开水，搅匀、捣烂呈糊状。

混合糊：将淀粉含量较多的食材，如土豆、红薯等，加入其他食材糊状食材中，搅拌均匀。

关键指导

与泥类辅食的制作方法相似，但水分含量更高些，半流质的状态。

泥类辅食

基本步骤

蔬菜泥：将蔬菜放入开水中煮熟（或蒸熟），待蔬菜变软取出，用刀（或其他研磨器具）制成菜泥。

豆腐泥：把豆腐放入锅中，加少量肉汤，边煮边用勺子碾碎。

蛋黄泥：将熟蛋黄用勺子碾碎。

肉泥：将肉类（或海鲜类）煮熟，取肉，用刀（或其他研磨器具）制成泥。

肝泥：将肝类洗净、剖开煮熟，剔除筋膜，再用刀剁碎制成泥。

水果泥：水果洗净去皮，用刀（或其他研磨器具）制成水果泥。

混合泥：将米粉加入上述泥中，搅拌均匀。

关键指导

1. 食材一定要洗干净，需去皮的蔬果一定要去皮。

2. 制作时要注意卫生，保持双手及使用的器具干净。

3. 父母不必担心蔬菜煮熟会破坏其中的营养素，有些蔬菜煮熟后会去掉其苦涩的口感或不易于消化的成分。

4. 每次制作的量不宜过多。

粥类辅食

基本步骤

以大米为原料，加入适量水，大火煮开，小火熬煮制成。

粥按照厚度可以分成水粥、稀粥、稠粥、厚粥，比例和适合的辅食时期如下。

	5 倍水 • 稠粥	4 倍水 • 厚粥
水：米	5 ： 1	4 ： 1
适合时期	**蠕嚼期**	**细嚼期**

关键指导

1. 可以按照适合的月龄添加不同的食材，如蛋黄、五谷、蔬菜、鱼类、肉类等，这样可以使辅食营养丰富，增加宝宝食欲。

2. 尽量不加盐或少加盐，1 岁以内一定不要加盐。

3. 到咀嚼期，可以在粥中减少水的用量至 3 ： 1 或 1.5 ： 1，制成软饭给宝宝食用。

丸类辅食

基本步骤

肉丸：将肉类（鱼肉、猪肉等）去骨刺，去筋膜，剁成泥，加调味料（如料酒、葱花少许、蛋清）搅上劲成肉浆，捏成丸子，下入开水锅中煮熟。

蔬菜丸：选择根茎状蔬菜（如土豆、南瓜、红薯、萝卜等）蒸熟后，去皮，加面粉、调味料搅匀，再制成丸子，煮熟或蒸熟。

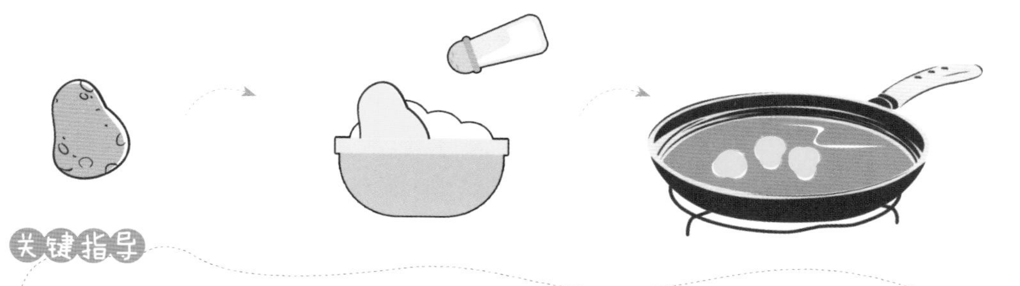

关键指导

1. 初次做肉丸子时，如果没有把握，可以在做好肉浆后，先煮出1个尝尝口感，以便调整肉浆的口味及软硬。

2. 煮丸子时水量一定要够多。要等水沸腾后再下入丸子，然后转小火让水保持微滚，将丸子煮熟。

3. 做海鲜丸子时，可选择性地加入料酒、香油、葱花，这些材料都有提味去腥的作用。

4. 制作时用力搅打肉浆，可以让肉浆组织更紧密，更有弹性，煮丸子时不易散。

5. 做丸子时，可以用手取适量浆泥，从虎口处挤出，再用勺子快速刮出即可。

食材选购关键＋处理方法

选购关键

❶ 新鲜优质

选择优质的原材料，以有机类当季食材为佳，应尽可能新鲜。

❷ 营养

宝宝在长身体的阶段，要多摄入一些有营养、含优质蛋白、维生素含量高的食材，例如鸡蛋、水果、蔬菜等。

❸ 安全易食

食材一定要安全，一些可能产生伤害的食物（如不知名的菌菇等）一定不能给宝宝食用，以保证食用安全。另外，给宝宝吃的食物，以制熟后软烂宜食的品种为佳。

❹ 避免过敏

对于部分易致敏的食材（如草莓、芒果等）可以晚些再给宝宝食用。1岁以内的孩子不要吃花生、榛子等干果，3岁以内可以接受研碎的干果。当然要注意孩子食用后有无过敏状况。

❺ 避免容易导致发生意外的食物

鱼刺等卡喉咙是最常见的进食意外，当宝宝开始尝试食物时，作为家长一定要注意。另外，像果冻等这类食物，如果孩子吞咽不好，可能对孩子造成窒息，坚决不可给孩子食用。

处理方法

❶ 洗净，保持清洁

生吃的水果和蔬菜必须用清洁水彻底洗净，而给宝宝吃的水果和蔬菜应去掉外皮及内核和籽。

❷ 单独制作

宝宝的辅食应单独制作，采用专门的工具与容器，以保证清洁与卫生。

❸ 现做现吃

除了给宝宝食用新鲜食材以外，要尽量做到现做现吃，每次制作的量不要太大。

❹ 以蒸煮为主

蒸煮是较能保存食材营养的烹饪方式之一，而且蒸煮过的食物好消化，尽量少用油炸、烧烤的方式给宝宝进行烹饪。

辅食制作省时小技巧，让新手父母少走弯路

宝宝每次辅食食用的量少，但如果每次都精心制作实在是费时累心，特别是在宝妈一个人照顾孩子的时候。一边听着宝宝哇哇地哭，一边做辅食的心情是很焦躁的。其实，制作辅食也有简单方法。

采用配方米粉

配方米粉是经过热熟化的，给宝宝食用时，用温开水冲调即可。父母们也可以把米粉和配方奶粉混在一起冲调，冲调时应先将米粉调好，调得稠一点，然后冲好配方奶，用奶去稀释较稠的米粉，调成糊状喂食。

食用罐头食品

瓶装罐头食品方便快捷，并且可以随时随地食用，不受季节限制，品种也丰富。父母们在给宝宝选择时，应注意选正规生产商生产的婴幼儿专用泥类瓶装食品。土豆泥、果泥、肝泥、肉泥是比较常用的罐头食品。

使用方便面食

现在市面上有很多与宝宝年龄阶段相对应的面条，比如颗粒面、蝴蝶面等，在面食中，也会添加一些营养元素，如钙、卵磷脂、维生素A等，这些有利于宝宝全面均衡地摄取营养。

大人餐、宝宝餐一起做

家长们可以将大人餐和宝宝餐一起做，当然不是让宝宝和妈妈吃完全一样的饭菜。妈妈们只要稍微花一点心思，把大人饭菜在放调料前盛出宝宝要吃的量，再稍微加工一下，就成了营养好吃的宝宝餐，省时省力。

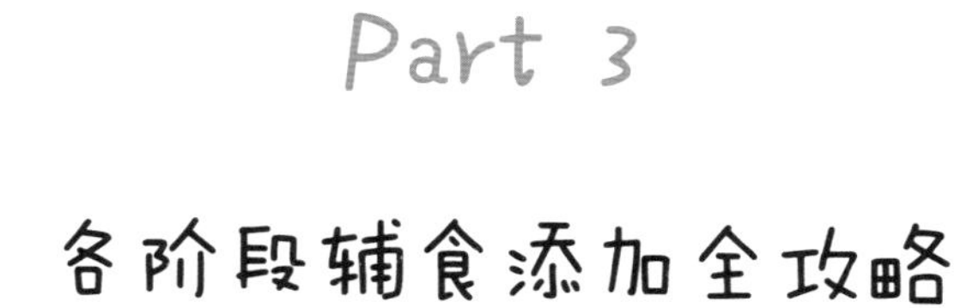

Part 3

各阶段辅食添加全攻略

◎ 6个月吞咽期

◎ 7 ~ 9个月蠕嚼期

◎ 10 ~ 12个月细嚼期

◎ 13 ~ 24个月咀嚼期

◎ 2 ~ 3岁幼儿期

6个月吞咽期

宝宝发育的特点

4个月

这个时期是宝宝体格发育最快的时期，也是宝宝脑细胞增长的第二高峰。有的宝宝开始流口水，这是由于唾液分泌旺盛。满4个月的宝宝开始出现一系列情绪：喜悦与不高兴、满足与不满。

5个月

这段时间，宝宝的成长速度仍然很快，腿更强壮，可以灵活翻身，有的宝宝可以独自坐一小会儿。

6个月

这时的宝宝差不多已经开始长乳牙了，常是最先长出两颗下中切牙（下门牙），然后长出上中切牙（上门牙），再长出上侧切牙。孩子可以看到远处啦，如果带孩子出门，你会发现他喜欢盯着移动的车辆、行人使劲看，并且做出兴奋的反应。把玩具等物品放在孩子面前，他会伸手去拿，并塞入自己口中。说明宝宝快要准备好加辅食了。

辅食添加原则

6月龄内是一生中生长发育的第一个高峰期，对能量和营养素的需要高于其他任何时期。满6个月开始添加辅食，以尝试各种食物为主，这个时期为味觉发育敏感期。辅食添加从含铁米粉开始，逐渐尝试菜泥、果泥、肉泥。先每天添加1次辅食，1周后可变为1天2次。因特殊情况需要在满6月龄前添加辅食的，应咨询医生或其他专业人员后作出决定。

针对我国6月龄内婴儿的喂养需求和可能出现的问题，基于目前已有的科学证据，同时参考世界卫生组织（WHO）、联合国儿童基金会（UNICEF）和其他国际组织的相关建议，提出6月龄内婴儿母乳喂养指南。核心推荐以下6条：

- 产后尽早开奶，坚持新生儿第一口食物是母乳。
- 坚持6月龄内纯母乳喂养。
- 顺应喂养，建立良好的生活规律。
- 出生后数日开始补充维生素D。
- 婴儿配方奶是不能纯母乳喂养时的无奈选择。
- 监测体格指标，保持健康生长。

喂养误区

母乳喂养6个月了，奶水已经没有什么营养了。

母乳既可提供优质、全面、充足和结构适宜的营养素，满足婴儿生长发育的需要，又能完美地适应其尚未成熟的消化能力，并促进其器官发育和功能成熟。此外，6月龄内婴儿需要完成从宫内依赖母体营养到宫外依赖食物营养的过渡，来自母体的乳汁是完成这一过渡最好的食物，基于任何其他食物的喂养方式都不能与母乳喂养相媲美。母乳喂养能满足婴儿6月龄内全部液体、能量和营养素的需要，母乳中的营养素和多种生物活性物质构成了一个特殊的生物系统，为婴儿提供全方位呵护，助其在离开母体保护后，能顺利地适应大自然的生态环境，健康成长。任何婴儿配方奶都不能与母乳相媲美，只能作为母乳喂养失败后的无奈选择，或母乳不足时对食物的补充。

所有的宝宝都一定要采用母乳喂养。

以下情况很可能不宜母乳喂养或常规方法的母乳喂养，需要采用适当的配方奶喂养，具体患病情况、母乳喂养禁忌和适用的喂养方案，请咨询营养师或医生：①婴儿患病；②母亲患病；③母亲因各种原因摄入药物；④经过专业人员指导和各种努力后，乳汁分泌仍不足。另外，不宜直接用普通液态奶、成人奶粉、蛋白粉、豆奶粉等喂养6月龄内婴儿。

用母乳喂养的孩子，长得瘦小且缓慢。

身长（高）和体重是反映婴儿喂养和营养状况的直观指标。身患疾病或喂养不当、喂养不足会使婴儿生长缓慢或停滞。6月龄内婴儿应每半个月测一次身长（高）和体重，病后恢复期可增加测量次数，并选用世界卫生组织的“儿童生长曲线”判断婴儿是否得到了正确、合理的喂养。婴儿生长有自身规律，过快或过慢生长都不利于儿童远期健康。婴儿生长存在个体差异，也有阶段性波动，不必相互攀比生长指标。母乳喂养儿体重增长可能低于配方奶喂养儿，只要处于正常的生长曲线轨迹，即是健康的生长状态。婴儿生长有自身规律，不宜追求参考值上限。

含铁婴儿米粉

准备时间：2 分钟　　烹饪时间：5 分钟

原料

含铁婴儿米粉、温开水各适量。

制作

1. 取一个沸水消毒过的小碗，倒入温开水。
2. 将米粉按比例倒入，边倒边搅匀，防止米粉结块。

小贴士

用凉水冲泡米粉会使米粉结块，米粉在冬天凉得很快，家长要用勺子从表层一层层往下舀着喂。

拓展　宝宝的第一口辅食，首选就是含铁米粉，既不容易过敏，又能补充铁。

营养米糊

准备时间：2小时　　烹饪时间：20分钟

原料

大米15克，水适量。

制作

1. 大米洗净，用温水浸泡2小时后放入研磨器中。
2. 加入适量水，研磨成细腻的米浆。
3. 把米浆倒入奶锅中，加入约8倍的清水。
4. 用小火慢慢加热，其间用勺子不停地搅动，避免糊锅。
5. 待米浆沸腾后，继续煮2分钟做成糊状即可。

小贴士

采用这一方式制成的米糊，细腻甜软，利于消化。

拓展 可以在米糊中适量加入母乳或婴儿配方奶，增加营养。

胡萝卜米粉

准备时间：10 分钟　　烹饪时间：20 分钟

原料

含铁婴儿米粉15克，胡萝卜15克，温水适量。

制作

1. 胡萝卜洗净、去皮、切丁，上锅蒸熟蒸软。
2. 加少许温水，用食物料理机将胡萝卜打成泥糊状。
3. 加入冲调好的米粉，搅拌均匀。

小贴士

吃完辅食紧接着吃奶，奶中有丰富的营养，能促进宝宝对辅食的吸收。

拓展 胡萝卜富含胡萝卜素，进入宝宝体内会转化为对视力发育和皮肤健康有利的维生素A，这是一种脂溶性维生素，溶于油脂才能被吸收。

圆白菜米糊

准备时间：5 分钟　　烹饪时间：20 分钟

原料

大米 15 克（制成米糊），
圆白菜 1 片。

制作

1. 圆白菜洗净，放入沸水中烫熟。
2. 放入食物料理机，加入做好的米糊，搅打成泥。

小贴士

切开的圆白菜容易从刀口处开始变质，所以最好购买完整的圆白菜，从外层按顺序剥下食用，剩下的能保存很长时间。

拓展　宝宝辅食初期应该吃无刺激性的和清淡的食物。

南瓜米糊

准备时间：10 分钟　　烹饪时间：20 分钟

原料

南瓜1块，大米15克（制成米糊），温水50毫升。

制作

1. 南瓜洗净、去皮、切小块，蒸熟。
2. 放入食物料理机，加入温水和做好的米糊，搅打成泥糊。也可以蒸熟后用勺子压成泥，再用温水调匀。

小贴士

南瓜蒸熟后很容易压成泥，如果家里没有食物料理机，用勺子凸起的一面慢慢地一点点压也是可以的，压好后再加米糊和温水调制，成品会更均匀细腻。

拓展　南瓜米糊中可以加入少量配方奶或母乳，制成奶香南瓜米糊。

玉米米糊

准备时间：10 分钟

烹饪时间：30 分钟

原料

玉米半根，大米 15 克（制成米糊），水适量。

制作

1. 玉米粒剥下洗净，放入锅中加水蒸煮 15 分钟。
2. 将煮熟的玉米粒捞起放入食物料理机，加入做好的米糊，搅打成泥。

小贴士

玉米粒可以用手掰下来，用机器剥离容易破坏玉米粒。

红薯糊

准备时间：10 分钟

烹饪时间：20 分钟

原料

红薯 1 块，温水 50 毫升。

制作

1. 红薯洗净、去皮、切小块，蒸熟。
2. 放入食物料理机，加温水搅打成泥糊。

小贴士

红薯含有丰富的胡萝卜素，还富含多种维生素，用食物料理机制作，其中的纤维会被打得更细碎些。

专家提示　玉米糊和红薯糊不宜过多食用，若过多食用可能会腹胀。体重低的孩子不要多吃。

7～9个月蠕嚼期

宝宝发育的特点

这个时期宝宝的体重、身高、头围和胸围的指标与参考曲线相比发育正常就不用担心，要多注意孩子自己的生长速率。宝宝下颚的两个门牙会慢慢长出来。

7个月

8个月

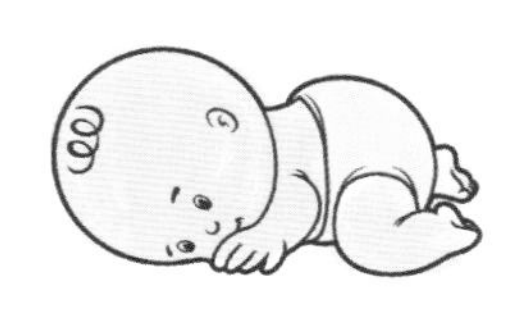

9个月

这个时期的宝宝喜欢照镜子，用手去摸镜子，用嘴去亲吻镜子里的“宝宝”，完全没有意识到那就是自己的形象。宝宝还能够分辨成人的声音和态度，对亲切和蔼的声音表示欢迎，愿意亲近并以微笑来回应。对严肃愤怒的声音会表现出惶惶不安的表情，不愿亲近且立即避开，并以哭声来表达。

此时，宝宝开始抢大人喂饭用的勺子，他已经可以用手抓东西吃了，你可以给宝宝提供更多的“手抓饭”的机会，让他体验到用餐的乐趣和独立的快乐。此时，可以把宝宝放在儿童餐椅上，到餐桌上吃饭。

这一时期的宝宝已经达到了新的发育里程碑——爬。刚开始的时候，有的孩子向后倒着爬，有的孩子原地打转，还有的是匍匐向前，这都是爬的一个过程。等宝宝的四肢协调得非常好以后，他就可以撑起身体用手和膝爬了。此时的宝宝头颈抬起，胸腹部离开床面，可在床上爬来爬去。

8月龄的宝宝可以很平稳地独坐了，两只手握着玩具玩耍，也不再需要物体支撑身体了，而且宝宝已经初步有了规律性的概念，似乎知道了什么时候吃奶，什么时候散步。

此时宝宝可以从坐位自己变成仰卧或俯卧，但不能从卧位变为坐位。这时候的宝宝如果有完成这个动作的潜能和愿望，父母可以帮助宝宝学习如何借助外力坐起来。

辅食添加原则

这个时期，辅食添加可以代替一顿奶，8个月时上下午各代替一顿奶。辅食质地应该从刚开始的泥糊状，逐渐过渡到9月龄时带有小颗粒的厚粥、烂面、肉末、碎菜等。对这个年龄段的宝宝，除继续让他熟悉各种食物的新味道和感觉外，还应该配合宝宝的进食技巧和肠胃功能的发育，调整食物状态，同时锻炼宝宝的咀嚼能力。

◆循序渐进：由稀变稠，摄入半流质即泥糊状食物，滑软、易咽，逐渐从泥糊状食物向固体食物过渡。

- 由少到多　如蛋黄从1/8个→1/4个→1/2个→1个。
- 由稀到稠　米糊→稠粥。
- 由细到粗　如菜泥→碎菜。

◆逐步尝试：每新添加一种食物，要在前一种食物食用3～5天，宝宝没有出现任何异常之后进行。

◆不加调味料：如盐、鸡精、酱油、香油、白糖、冰糖等。

关键

◆奶依然是宝宝的主要食物，每日饮奶量不少于600毫升。

◆进行规律哺乳，一般以每日哺乳4～6次，间隔3～4小时为宜。

◆辅食喂养2～3次。第一次只需尝试1小勺，第一天可以尝试1～2次。第二天视宝宝大便等情况增加进食量或进食次数。

◆在给7～9月龄的宝宝引入新的食物时应特别注意观察是否有食物过敏现象。如发现须及时停止喂养。

处理方法

1. 制成菜粥。菜粥是非常好的食物。菜粥中的米和蔬菜都会煮得较烂，而且

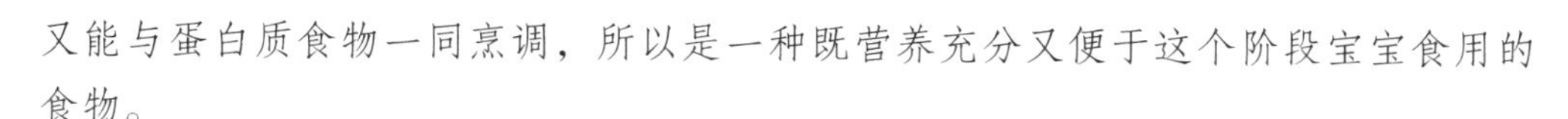

又能与蛋白质食物一同烹调，所以是一种既营养充分又便于这个阶段宝宝食用的食物。

2.采用炖锅、搅拌机、榨汁机、研磨器等将食材制成汁或制成软烂、顺滑的状态，将熟透的食物进行处理。

3. 9个月内也可以采用市售的婴儿专用泥糊状食品，真空包装，不含防腐剂和色素。

喂养误区

到了给孩子添加辅食的时候，即使孩子并不喜欢，也要强喂！

添加辅食应该是一件快乐的事情，开始宝宝不习惯时，不要勉强，即使宝宝只吃了一口，也是值得鼓励的，父母要把宝宝抱起来抚慰一番，并进行表扬。慢慢地，宝宝会对吃饭越来越有兴趣。当食物从宝宝口中流出时，要用勺子接住，再次送入宝宝口中，反复几次后可以让食物与唾液充分混合，有利于宝宝进食。

可以给宝宝少量块状食物，让宝宝尝尝食物的原味。

错！这一阶段宝宝的辅食以泥糊状、半流质为宜，制作时要保持新鲜与卫生，最开始应加工得越细小越好，随着宝宝不断地适应和身体发育，逐渐变粗变大。如果开始就做得过粗，会使宝宝不适应并产生抗拒心理，为后来的厌食不爱吃饭埋下隐患。另外，宝宝太小，对食物的咀嚼与消化能力并不强，块状食物在吞咽时容易产生危险。

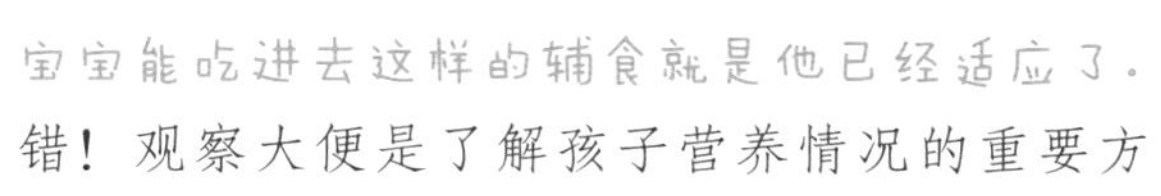

宝宝能吃进去这样的辅食就是他已经适应了。

错！观察大便是了解孩子营养情况的重要方法。大便干燥、有结块、颜色淡黄时，说明宝宝的饮食中蛋白质含量过高，应适当减少；大便呈条形，有酸臭、腥臭，说明饮食中的脂肪含量过高；大便呈糊状，甚至出现腹泻，多半是饮食中的糖分过多所致。父母要根据大便的情况，及时对宝宝的饮食进行调整。不要觉得宝宝吃进去了就已经可以了。

推荐食材

可以食用的种类		制作形态	应该注意
谷类	大米、糯米、玉米面、米粉。	制成浓稠的汤粥黏糊状，黏稠度为稠酸奶程度最好。	1. 燕麦、小米、黑米、糙米等不易消化的谷类，需要至少在6个月中后期才给宝宝食用。 2. 刚开始给宝宝添加米粉时不要添加得太多，1～2勺即可，要和成糊状，3～4天以后再给宝宝多加1勺。
蔬菜类	胡萝卜、土豆、红薯、南瓜、葱花、山药、菠菜、茄子、芹菜、百合、紫薯。	蔬菜泥糊。	1. 蔬菜一定要熟烂。 2. 蔬菜煮熟之后可以用筛子过滤，捣碎，要保留少量的水分。
水果类	苹果、梨、香蕉。		1.将水果去皮，用小勺子直接刮泥喂宝宝。 2. 要选择果肉多、纤维少的水果制成果泥。 3. 宝宝腹泻的时候，不宜进食梨果泥，以免加重腹泻。
肉类	鸡肉、猪肉、牛肉。	肉泥。	以肉泥的形式进行添加（6个月后期）。
海鲜类	三文鱼、鲳鱼。	鱼肉泥。	宝宝满6个月后辅食中可以增加少许鱼肉。父母有过敏史或宝宝有严重湿疹时，请8个月后再尝试添加。
高蛋白类	鸡蛋黄。	泥糊状。	宝宝成功添加米粉以后，就可以每天开始添加蛋黄了，从1/8个开始喂起，逐渐到1/4个，逐渐到1/2个，逐渐到1个。

辅食添加指导

7～9月龄的宝宝需优先添加富铁食物，如强化铁的婴儿米粉等，逐渐达到每天1个蛋黄或全蛋（如果蛋黄适应良好就可以尝试蛋白）和50克肉禽鱼，其他谷物类、蔬菜、水果的添加根据宝宝需要而定。

7～9月龄宝宝一日膳食安排

◆早上7：00左右	母乳和（或）配方奶
◆上午9：00～10：00	母乳和（或）配方奶
◆中午11：00～12：00	土豆糊、南瓜小米粥、蛋黄糊等各种泥糊状的辅食
◆下午3：00左右	果泥
◆晚上5：00～6：00	黑芝麻糊、豌豆糊、小米粥等各种泥糊状的辅食
◆晚上8：00～9：00	母乳和（或）配方奶

夜间可能还需要母乳和（或）配方奶喂养1次，8个月以后减少夜奶次数，10个月以后可以尝试停喂夜奶。

苹果米糊

准备时间：5 分钟　　烹饪时间：20 分钟

原料

苹果 1 块，大米 15 克（制成米糊）。

制作

1. 苹果洗净、去皮，蒸熟。
2. 放入食物料理机，加入做好的米糊，搅打成苹果米糊。

小贴士

如果是在寒冷的冬季，可以先把苹果放温，再和米糊一起放入食物料理机。

番茄米糊

准备时间：10 分钟　　烹饪时间：15 分钟

原料

番茄1个，大米15克（制成米糊）。

制作

1. 番茄洗净、去皮、切小块，蒸熟。
2. 放入食物料理机，加入做好的米糊，搅打成番茄米糊。

小贴士

番茄可以在顶部先切十字刀，再放入蒸锅稍蒸，这样去皮更容易。

拓展　番茄含有丰富的胡萝卜素、维生素C和B族维生素。

土豆糊

准备时间：10 分钟　　烹饪时间：10 分钟

原料

土豆2个，母乳（或配方奶）适量。

制作

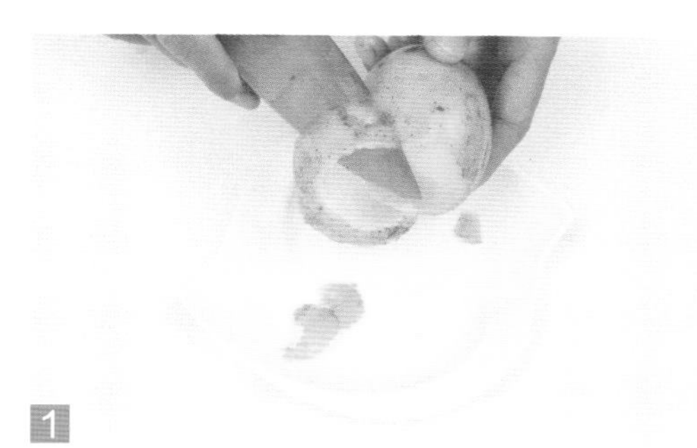

1

2

3

4

1. 土豆去皮洗净。
2. 切成小块，放入一个适用于微波炉的容器中。
3. 加入母乳或配方奶（量以刚刚没过土豆块为宜），用微波炉高火加热5分钟，取出。
4. 用勺子背将土豆块压成泥糊状即可。

小贴士

也可以提前将土豆煮熟，稍放凉后，再加入母乳或配方奶制成糊。

拓展 土豆糊可以加入适量水，调稀食用。

红枣米糊

准备时间：2小时

烹饪时间：30分钟

原料

大米20克，红枣5克，清水适量。

制作

1. 大米淘洗干净，加清水浸泡2小时。
2. 红枣洗净后去核，蒸20分钟后去皮。
3. 把泡好的大米、红枣肉放入食物料理机中加清水打成糊状。
4. 将打好的红枣米糊放入锅中煮至熟烂即可。

豌豆糊

准备时间：5分钟

烹饪时间：20分钟

原料

豌豆粒10克，温水30毫升。

制作

1. 将豌豆粒用清水冲洗干净，放入沸水中炖煮熟烂。
2. 取出炖烂的豌豆粒去皮、捣碎。
3. 把豌豆碎倒入温水中搅打成糊。

小贴士

宝宝不易消化豌豆皮，一定要过滤干净。

土豆南瓜泥

准备时间：10 分钟　　烹饪时间：20 分钟

原料

土豆 1 个，南瓜 1 小块。

制作

1. 将土豆、南瓜洗净、去皮、切块，蒸熟。
2. 用食物料理机将食材打成泥。

小贴士

可以在土豆南瓜泥中加入适量母乳或配方奶，略微稀释。

拓展 南瓜品种繁多，尽量选用金黄绵软的。

香蕉泥

准备时间：3 分钟　　烹饪时间：5 分钟

原料

香蕉 1 根。

制作

1. 将香蕉去皮，剥去白丝。
2. 取一截放入碗中，用不锈钢勺子压成泥。

小贴士

要选取熟透的香蕉，黄色的皮带黑点的最佳，等宝宝适应泥状食物了，也可以用小勺一点点刮取香蕉果肉喂给宝宝。

小米粥

准备时间：30 分钟　　烹饪时间：30 分钟

原料

小米 30 克，水适量。

制作

1. 小米淘洗后用清水浸泡半小时。
2. 加米量 7 ~ 10 倍的水，煮成稀烂的小米粥。

小贴士

先给宝宝喂上层稀一点的小米粥，待宝宝接受了，再舀底层稠些的小米粥喂给宝宝。

拓展　小米含有多种维生素、氨基酸、脂肪和碳水化合物，营养价值较高。

南瓜小米粥

准备时间：10 分钟　　烹饪时间：20 分钟

原料

小米15克（煮成小米粥），南瓜20克。

制作

1. 南瓜洗净、去皮、切小丁。
2. 蒸熟后用勺子压成泥。
3. 将南瓜泥混入煮好的小米粥中搅匀。

小贴士

这道辅食简单清淡，没有加糖，却有南瓜和小米本身淡淡的甜味，又以粗粮为主，很适合宝宝吃。

拓展 南瓜和小米都含有丰富的胡萝卜素，混合在一起食用，对宝宝来说又是一种新的口感。在添加辅食的最初阶段，可选的食物有限，多变换一些花样，宝宝就不会腻烦了。

胡萝卜泥

准备时间：10 分钟　　烹饪时间：30 分钟

原料

胡萝卜50克，
香油适量。

制作

1. 胡萝卜洗净，去皮。
2. 把胡萝卜切成小片，放入蒸锅中。
3. 冷水入锅，水开后，蒸约20分钟，至胡萝卜软烂。
4. 蒸熟的胡萝卜片放入食物料理机中，滴少量香油，打成泥即可。

小贴士

胡萝卜素易溶解于油脂中，因而搅拌时加两三滴香油更有利于宝宝吸收营养。

专家提示　胡萝卜、南瓜等蒸类食物不要天天吃，每周以2～3次为宜。

蛋黄糊

准备时间：5 分钟

烹饪时间：25 分钟

原料

熟蛋黄 1/4 个，大米粥（三分稠）20 克，温开水适量。

制作

1. 熟蛋黄用勺子压碎成泥，用少许温开水化开。
2. 将三分稠的大米粥放入锅中，用小火加热。
3. 煮开后放入蛋黄泥搅匀。
4. 小火加热至粥再次煮开即可。

鸡蛋粥

准备时间：5 分钟

烹饪时间：40 分钟

原料

鸡蛋 1 个，大米 20 克，水适量。

制作

1. 大米用清水轻轻淘洗一遍，洗净。
2. 锅中放入大米，加入适量水，大火煮开。
3. 调小火熬煮至大米开花，成粥。
4. 鸡蛋打散，放入粥里煮沸即可。

小贴士

可以用 BB 煲，把洗好的大米和熟蛋黄压碎直接放进去煲成粥。

土豆西蓝花泥

准备时间：10 分钟　　烹饪时间：20 分钟

原料

土豆 20 克，西蓝花 10 克。

制作

1. 土豆去皮洗净，切成片，蒸至熟透。
2. 西蓝花用水洗净，取嫩朵放入沸水中焯一下，捞出剁碎。
3. 将蒸好的土豆压成泥。
4. 将土豆泥、西蓝花碎混合搅匀即可。

小贴士

可以在土豆西蓝花泥中加入少量母乳或配方奶，促进宝宝消化吸收。

苹果薯泥

准备时间：20 分钟

烹饪时间：45 分钟

原料

红薯 300 克，苹果 300 克，水适量。

制作

1. 红薯洗净，削去外皮，切成小碎丁。
2. 苹果洗净，去皮去核，也切成小碎丁。
3. 将切好的红薯碎丁、苹果碎丁放入锅内，加水，大火煮。
4. 煮开后转小火继续熬煮 30 分钟。
5. 将煮好的红薯碎丁、苹果碎丁连汤倒入食物料理机中，搅打成泥状即可。

南瓜大米粥

准备时间：15 分钟

烹饪时间：35 分钟

原料

南瓜 50 克，大米 50 克，水 400 毫升。

制作

1. 将南瓜清洗干净，削去外皮，切成碎粒。
2. 将大米放入小锅中淘洗干净，加入 400 毫升水，中火烧开。
3. 用勺子轻轻搅拌，以防米粒粘在锅底，转小火继续煮制 20 分钟。
4. 将切好的南瓜碎粒放入锅中，小火再煮 10 分钟，直至南瓜软烂即可。

紫薯糊

准备时间：10 分钟　　烹饪时间：20 分钟

原料

紫薯150克，红豆沙15克，清水适量。

制作

1. 紫薯洗净，削去外皮，切成小丁。
2. 锅中放入清水和切好的紫薯丁煮烂。
3. 加入红豆沙搅匀，离火。
4. 将煮好的紫薯豆沙用食物料理机充分搅打均匀，呈奶昔状即可盛入杯中。

小贴士

在挑选紫薯时，要选择个头小且表面光滑、颜色较深的。

拓展　也可以加入洗净切好的芋头丁，制成芋头紫薯糊。

黑芝麻糊

准备时间：5 分钟　　烹饪时间：20 分钟

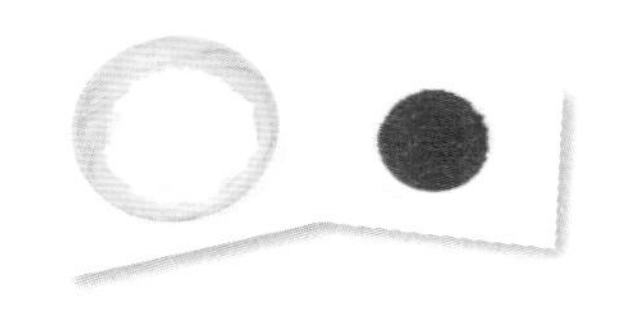

原料

黑芝麻50克，糯米粉20克，开水适量。

制作

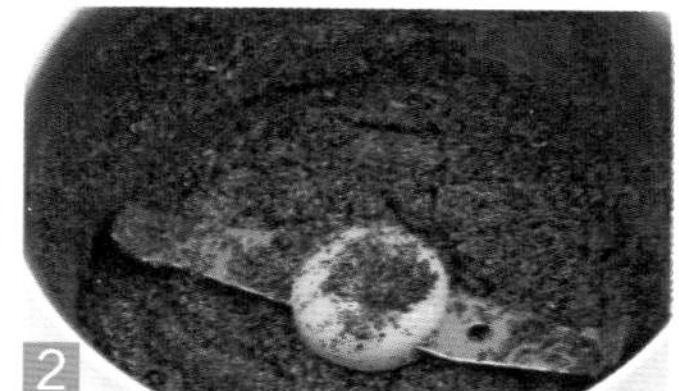

1. 将黑芝麻拣去杂质，用平底锅炒出香味，盛出放凉。

2. 将炒好的黑芝麻放入食物料理机中，研磨成细粉末。

3. 糯米粉放入平底锅中，小火炒成金黄色，用细筛网过筛。

4. 将炒好的糯米粉和磨好的黑芝麻粉混合。

5. 吃的时候取适量放入碗中，加入开水，搅拌均匀即可。

小贴士

一定要用开水冲拌黑芝麻糊。

拓展　可以加入白芝麻粉，制成口味更丰富的芝麻糊。

菠菜米糊

准备时间：10 分钟　　烹饪时间：25 分钟

原料

菠菜 20 克，大米 15 克（制成米糊），鸡蛋 1 个，清水、鸡肉馅各适量。

制作

1. 菠菜洗净、去根、切段，沸水烫熟后切碎。
2. 鸡蛋磕入碗中，搅打均匀。
3. 锅中放入适量清水、做好的米糊、鸡肉馅，大火烧沸后转小火烧煮 15 分钟。
4. 最后放入菠菜碎和鸡蛋液，继续煮制 3 分钟即可。

小贴士

菠菜碎和鸡肉馅尽量制得细腻一些，便于宝宝吞咽。

胡萝卜南瓜泥

准备时间：10 分钟　　烹饪时间：20 分钟

原料

胡萝卜1块，南瓜1块。

制作

1. 将胡萝卜、南瓜洗净、去皮、切成小块，蒸熟。
2. 用食物料理机将食材打成泥。

小贴士

胡萝卜与南瓜颜色接近，制泥方法相同，可以混在一起搅打成泥。胡萝卜的特殊味道是很多宝宝会抗拒的，与南瓜混合在一起，可部分掩盖这种味道，两者都富含胡萝卜素，对宝宝视觉发育有利。

豆浆米糊

准备时间：5 分钟　　烹饪时间：40 分钟

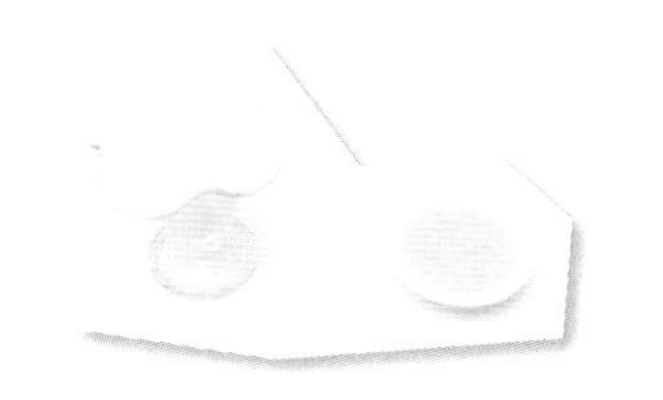

原料

大米 20 克，豆浆 40 毫升，清水适量。

制作

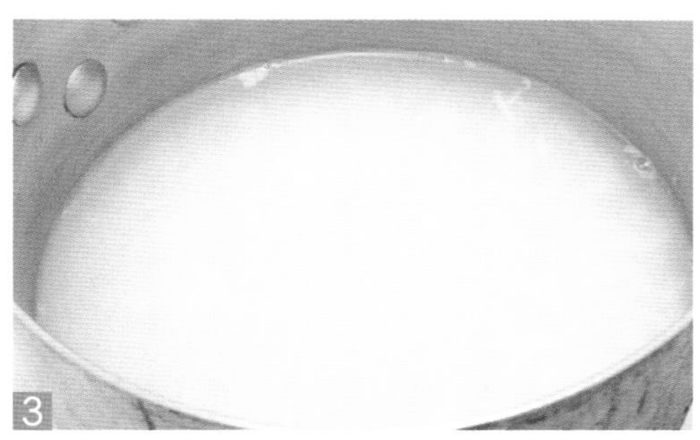

1. 大米用清水轻轻淘洗一遍，洗净。将锅放在火上，加入大米和适量清水。
2. 用大火熬煮成烂米糊，加入豆浆。
3. 将火调小，小火煮 10 分钟即可。

小贴士

可以用豆浆机，把淘洗好的大米和黄豆直接打成豆浆米糊，但是一定要将制成的豆浆米糊煮沸。

拓展　也可以将豆浆换成适量配方奶，制成奶香米糊。

豆腐泥

准备时间：1 分钟　　　　烹饪时间：5 分钟

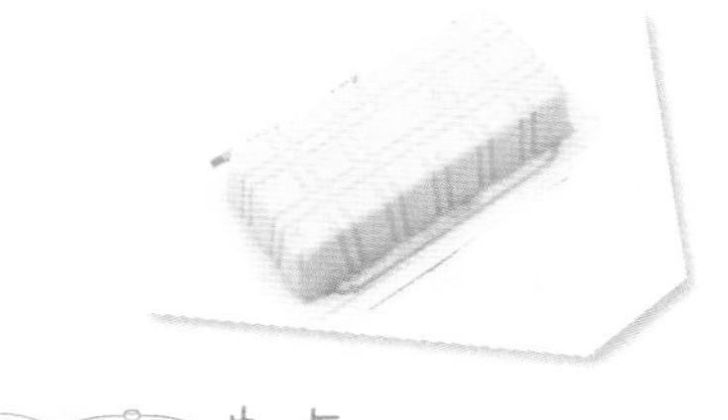

原料

优质盒装嫩豆腐 1/3 盒（约 30 克）。

制作

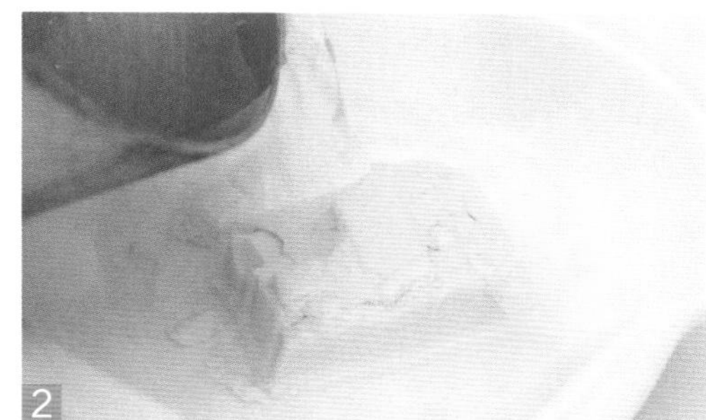

1. 将嫩豆腐从盒中取出。
2. 放入开水中，烫 1 分钟。
3. 捞出嫩豆腐，控干。
4. 用勺子将嫩豆腐压成泥状即可。

小贴士

用开水烫过的嫩豆腐，一定要等到嫩豆腐温度适宜后再喂给宝宝吃。

拓展 也可以在嫩豆腐中加入其他食材，如蛋黄、动物血等，制成混合豆腐泥。

番茄猪肝泥

准备时间：20 分钟　　烹饪时间：10 分钟

原料

番茄 100 克，鲜猪肝 20 克。

制作

1. 将猪肝、番茄分别用清水冲洗干净。
2. 猪肝去筋膜，切成碎末。
3. 番茄去皮，用勺子捣成泥。
4. 把猪肝末和番茄泥混合在一起，搅拌均匀，放入蒸锅。
5. 大火蒸 5 分钟至熟，取出碾细即可。

小贴士

番茄可以放在沸水中烫一下，这样可以轻松去皮。

肉泥米粉

准备时间：5 分钟　　烹饪时间：15 分钟

原料

米粉 100 克，猪瘦肉 50 克，香油 0.5 毫升，水少许。

制作

1. 猪瘦肉用清水洗净，剁成肉泥。
2. 向肉泥中加入米粉、香油搅拌均匀。
3. 将拌好的肉泥放入碗内，加少许水。
4. 把碗放入蒸锅，中火蒸 7 分钟至熟即可。

小贴士

要选择经过检疫的新鲜猪瘦肉，宝宝吃得健康。

拓展　也可以在米粉中加入鱼泥、肝泥等，制成鱼肉泥米粉、肝肉泥米粉等。

香蕉牛油果泥

准备时间：5 分钟　　烹饪时间：10 分钟

原料

牛油果1个，香蕉1根。

制作

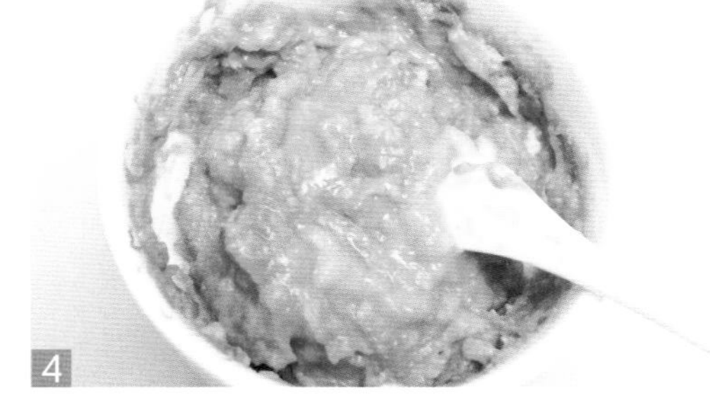

1. 将牛油果对半切开。
2. 挖出果肉，用勺子或其他工具将果肉捣烂。
3. 香蕉剥掉皮，捣成泥。
4. 将香蕉泥和牛油果泥混合搅拌均匀就可以了。

小贴士

牛油果要选择熟透的，香蕉不要选择发黑的。

拓展 为了营养丰富，也可以额外加些土豆泥等。

牛奶香蕉糊

准备时间：10 分钟　　烹饪时间：20 分钟

原料

香蕉 40 克，玉米面 10 克，配方奶 50 毫升。

制作

1. 香蕉去皮后，切段。
2. 将香蕉段用勺子捣成泥。
3. 配方奶倒入锅中，加入玉米面，边煮边搅匀。
4. 倒入香蕉泥搅匀即为牛奶香蕉糊。

小贴士

香蕉要选择偏软的，以保证成熟。

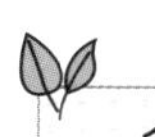

10～12个月细嚼期

宝宝发育的特点

10～12个月开始，宝宝的多颗乳牙萌生，消化功能逐渐加强，肾功能逐渐完善。此时，宝宝开始慢慢地练习用牙龈细细地弄碎食物，也是宝宝养成良好饮食习惯的关键时期。这一时期的宝宝非常喜欢"自力更生"，他们喜欢自己动手摆弄餐具，这也是训练宝宝自己进餐的好时机。

10个月

10个月的宝宝不喜欢安静地坐着，他可以很好地爬行，还可以手扶栏杆站起来，宝宝会用动作来吸引你的注意，甚至会在看到你朝门口走的时候跟你挥手再见。他也开始有了自己的主意，当他想拒绝的时候，他可能会说"不"。

11个月

宝宝现在也许能够完全靠自己拿稳杯子喝水了，甚至可以轻松地将一勺食物送到自己口中。宝宝开始分辨气味，当他感觉气味不好的时候，会把头偏向一边来躲避。

12个月

此时，宝宝的大脑已长到成人的60%，他的视力发育也接近成熟。宝宝对食物开始挑剔，父母要注意方法，避免宝宝厌食、偏食。

辅食添加原则

这个时期，宝宝的辅食口感应该比前期加厚、加粗，带有一定的小颗粒，并可尝试块状食物。

- 循序渐进
- 由少到多　蛋黄（或全蛋）在之前基础上逐量添加。
- 由稀到稠　如稠粥→软饭。
- 由细到粗　如碎菜→菜叶片→菜茎。

关键

◆ 10~12月龄的宝宝应保持每天600毫升的奶量。每天哺乳3~4次。

◆ 辅食喂养每天2~3次。辅食喂养时间要安排在家人进餐的同时或相近时。

◆ 逐渐做到与家人同时进食一日三餐，并在早餐和午餐、午餐和晚餐之间，以及临睡前各加餐一次。

处理方法

在增加固体食物的同时，要注意食物的软硬度。水果类可以稍硬一些，但是肉类、菜类、主食类还是应该软一些。因为宝宝的磨牙还没有长出，如果食物过硬，宝宝不容易嚼烂，容易发生危险。

饮食习惯

宝宝用手拿东西吃时，旁边应该有成人看护，宝宝吃的时候要让他在餐椅里坐好，最好不要让他在玩耍的时候吃东西。

喂养误区

孩子这么小，绝对不能让他自己抓饭吃，弄得满身都是，打扫、清理很麻烦！

错！请不要阻止宝宝用手抓食物，要让宝宝保持自己吃东西的兴趣。到了这个阶段，宝宝会尝试用手去抓食物，甚至拿着食物玩耍并把餐桌弄得一团糟。妈妈们一定会因此而感到头痛。不过，宝宝的这种行为也体现出了宝宝从被喂食的对象到主动吃的角色转变。所以，妈妈们不仅不用加以阻止，反而在一定程度上可以给予鼓励，否则，等孩子长大了，就丧失了自己吃饭的主动性，只能让大人追着喂了。可以购买餐椅、固定餐盘等，避免盘子、碗中的菜和饭撒得到处都是。

孩子不知道饥饱，每顿饭的量要固定，就算吃不进去也要使劲喂，要不然营养会跟不上！

错！宝宝在这个阶段，进食习惯没有规律可循。可能今天吃了满满一大碗，而明天只吃一两勺。父母应耐心、细心地照顾与观察。当宝宝噘起嘴巴、紧闭嘴巴、扭头躲避勺子、推开妈妈的手时，都表示现在不想再吃，这时切忌强喂，否则容易使孩子厌食。父母关注的重点应当是宝宝饮食中铁、钙、蛋白质的含量够不够。

孩子越大毛病越多，以前喂什么吃什么，现在不知道为什么，竟然挑食了！

这一阶段，宝宝的挑食现象会更加明显，不过引起挑食的原因大多是食物太硬，不适合宝宝咀嚼下咽。由于这一时期的宝宝还不能够把东西嚼得很烂，所以还需要将辅食切细。如果食物突然变硬，宝宝就可能会养成囫囵下咽的坏习惯。所以，确保食物的大小与软硬合适，以及确认宝宝在食用辅食时的咀嚼过程是十分有必要的。

推荐食材

	可以食用的种类	制作形态	应该注意
谷类	大米、小米、面粉、紫米、红豆、黄豆、绿豆、糯米、薏米、玉米面。	米饭、粥、馄饨、饺子、面包、馒头、蛋糕。	1. 米饭、馒头要蒸软些。 2. 可少量食用饼干。 3. 豆类应彻底煮熟，然后碾成泥糊状。
蔬菜类	大部分的蔬菜，如茄子、土豆、芋头、圆白菜、菜花、西蓝花、红薯、胡萝卜、南瓜、菠菜、油菜、番茄等。	以较软的颗粒状食物为主，可以采用炒、炖、蒸、煮的方式。	变着花样添加新的蔬菜品种，每天有两顿给宝宝做一些他爱吃或者已经接受了的饭菜，另一顿则尽可能做一些他不爱吃或者没有吃过的蔬菜。
水果类	大部分的水果，如葡萄、苹果、西瓜、甜瓜等。	取生果肉后切片，若果实较小可直接给宝宝食用。	如果没有过敏症状，可以食用橘子、橙子、桃、猕猴桃。
肉类	牛肉、鸡肉、猪肉。	烂肉块、碎肉末、肉丝。	鸡肉是比较好消化的，肉类辅食可以由肉末过渡到碎肉。
鱼鲜类	大部分少刺的鲜鱼，如鲈鱼、鳜鱼、三文鱼等。	制熟后去刺取肉。	如果没有过敏症状，可以食用虾。
其他优质蛋白质类	鸡蛋（根据过敏与否添加鸡蛋清）、豆腐、动物血。	1. 鸡蛋要制成鸡蛋羹的硬度。 2. 豆腐、动物血切成小块。	豆腐应选择优质豆腐，不要色泽过于白的，以免购买到含有漂白剂的豆腐。

辅食添加指导

10 ~ 12 月龄的宝宝要保证摄入足量的动物性食物，每天 1 个鸡蛋加 50 克肉禽鱼，以及一定量的谷物类。蔬菜、水果的量视宝宝需要而定。

特别建议给宝宝准备一些便于手捏的食物，比如香蕉块、馒头块、切片水果等。

10 ~ 12 月龄宝宝一日膳食安排

◆早上 7：00 左右	母乳和（或）配方奶
◆上午 9：00 ~ 10：00	母乳和（或）配方奶，可以加婴儿米粉或粥类，以喂奶为主，需要时再加辅食
◆中午 11：00 ~ 12：00	糯米山药粥、鸡肉粥、番茄碎面条等各种稠糊状或小颗粒状辅食
◆下午 3：00 左右	母乳和（或）配方奶，可给宝宝手指状食物如水果条或小饼干，锻炼宝宝自主进食及咀嚼的能力。以喂奶为主，需要时再添加辅食
◆晚上 5：00 ~ 6：00	儿童腊八粥、白菜烂面条、牛肉河粉等各种稠糊状或小颗粒状辅食
◆晚上 8：00 ~ 9：00	母乳和（或）配方奶

糯米山药粥

准备时间：15 分钟　　烹饪时间：50 分钟

原料

糯米 50 克，大米 50 克，山药 1 根。

制作

1. 山药去皮、洗净后切成小块。
2. 将糯米和大米淘洗一遍，洗净。
3. 把糯米和大米放入锅中，加水，煲粥。
4. 待粥七成熟后放入山药一起煲煮至熟即可。

小贴士

煮好的粥颗粒较大，不利于宝宝吞咽，可以用食物料理机搅打成细腻的糊状再喂给宝宝吃。

儿童腊八粥

准备时间：10 分钟　　烹饪时间：30 分钟

原料

大红豆、红小豆、核桃仁、黄豆、葡萄干、大米各10克，清水适量。

制作

1. 将大红豆、红小豆、黄豆、大米洗净，倒入锅中，加入清水，大火煮沸。
2. 加入核桃仁、葡萄干，再煮20分钟，关火，盛入碗中即可。

小贴士

儿童腊八粥的食材可以调整，例如可以加入红枣、绿豆等。

白菜烂面条

准备时间：10 分钟　　烹饪时间：10 分钟

原料

白菜叶 30 克，
宝宝面条10克，
水适量。

制作

1. 白菜叶用清水洗净，切成丝。
2. 宝宝面条掰碎后放进锅里，加适量水，加入白菜丝，大火煮沸。
3. 转小火煮 3 分钟。
4. 起锅捞出即可。

小贴士

要选择专供宝宝食用的宝宝面条，利于宝宝的吸收。

拓展　也可以加入洗净切碎的菠菜，制成菠菜烂面条。

鸡肉粥

准备时间：5 分钟　　烹饪时间：40 分钟

原料

大米 50 克，鸡胸肉 50 克，葱花、水各适量，植物油 3 毫升。

制作

1. 大米用清水淘洗干净。
2. 鸡胸肉洗净，剁成泥。
3. 锅内注入植物油烧热，加入鸡肉泥炒香。
4. 再加入水和大米，加盖大火煮沸。
5. 转小火熬至黏稠即可。最后可撒上葱花。

小贴士

可以将炒好的鸡肉泥及大米放入 BB 煲中，加水直接煲成粥。若宝宝对香菇不过敏，也可加入少许香菇碎。

拓展　可以加入适量的青菜，制成青菜鸡肉粥。

牛肉粥

准备时间：10 分钟　　烹饪时间：40 分钟

原料

牛肉 20 克，大米 10 克，葱花、水适量。

制作

1. 牛肉用清水冲洗干净。
2. 将牛肉切成碎末。
3. 大米、牛肉末和水一同下锅，大火煮沸。
4. 将火调小，熬煮成牛肉粥即可。最后可撒些葱花。

小贴士

可以把牛肉末、米饭和水一起放入 BB 煲中直接熬成牛肉粥。

番茄碎面条

准备时间：5 分钟　　烹饪时间：20 分钟

原料

宝宝面条30克，番茄1个，水适量。

制作

1. 番茄用清水冲洗干净。
2. 洗净后的番茄用热水烫一下，去皮，捣成泥。
3. 将宝宝面条掰碎，放入锅中。
4. 加水煮沸后，放入番茄泥，煮熟即可。

小贴士

未成熟的番茄尽量不要用来制作辅食，对宝宝的健康不利。

拓展　可以加入捣碎的熟蛋黄，制成番茄鸡蛋面。

鱼松粥

准备时间：20 分钟　　烹饪时间：25 分钟

原料

鱼肉 1 块，大米 30 克，水适量。

制作

1. 将鱼肉放入蒸锅，隔水大火蒸 15 分钟。
2. 剔除鱼骨后放入平底锅中，小火炒至微黄，制成鱼肉松。
3. 大米淘洗后加 4 倍米量的水煮成粥。
4. 加入鱼肉松。

小贴士

炒鱼肉松时要有耐心，要不断翻炒，小心不要炒煳。

拓展　鱼肉味道鲜美，富含的营养成分符合人体每日需要量的最佳比例。

薯芋丸子汤

准备时间：10 分钟　　烹饪时间：30 分钟

原料

猪肉50克，芋头、土豆各50克，淀粉、水各适量。

制作

1. 芋头、土豆分别去皮，用水洗净，切成丁。
2. 将猪肉洗净，剁成泥。
3. 剁好的猪肉泥加一点点水、淀粉，沿着一个方向搅上劲，做成猪肉丸子。
4. 锅内加水煮沸后，放入猪肉丸子、土豆丁和芋头丁。
5. 再次煮沸后关小火煮至熟烂即可。

双米银耳粥

准备时间：10 分钟　　烹饪时间：40 分钟

原料

大米、小米、干银耳、水各适量。

制作

1. 大米、小米分别淘洗干净。
2. 干银耳泡发，去根洗净，撕成小朵。
3. 锅内注水，将大米、小米一同放入。
4. 大火煮沸，转小火煮至黏稠。
5. 放入银耳，转中火慢煮约 15 分钟，银耳将要熔化时即可。

小贴士

干银耳泡发需要较长时间，可以提前一晚先将其放入凉水中浸泡。

拓展　可以加入少量枸杞，制成枸杞银耳双米粥。

鱼肉泥

准备时间：10 分钟　　烹饪时间：20 分钟

原料

鱼肉 50 克。

制作

1. 将鱼肉洗净，切段，放入碗中。
2. 将碗放入蒸锅中把鱼肉蒸熟。
3. 将蒸熟的鱼肉挑净鱼刺，碗中鱼汤备用。
4. 将鱼肉用勺背压碎。
5. 倒入鱼汤拌匀即可。

小贴士

尽量不要选择刺多的鱼，可以选择三文鱼等刺较少的品种。

拓展　也可以将鱼肉放到蒸锅里蒸熟，捣碎后放入米糊中，制成鱼肉米糊。

拌茄泥

准备时间：10 分钟　　烹饪时间：20 分钟

原料

熟蛋黄 1 个，茄子适量。

制作

1. 茄子洗净，切成块。
2. 蒸熟后做成茄泥。
3. 将熟蛋黄用勺背压成泥。
4. 向放至微温的茄泥中加入蛋黄泥拌匀。

小贴士

蒸茄子的时间以 15 分钟左右为宜。

青菜蒸豆腐

准备时间：10 分钟　　烹饪时间：30 分钟

原料

嫩豆腐 50 克，油菜叶 10 克，熟蛋黄 1/2 个，水适量。

制作

1. 油菜叶洗净，放入滚水中焯烫一下，捞出后切碎。
2. 嫩豆腐放入碗内碾碎成泥状。
3. 加入切碎的油菜叶。
4. 把熟蛋黄碾碎，撒在豆腐泥表面。
5. 大火烧开蒸锅中的水，将盛有豆腐泥的碗放入蒸锅中，蒸 10 分钟即可。

小贴士

豆腐要选择乳白色或淡黄色的新鲜嫩豆腐，保证口感和食用安全。

上汤娃娃菜

准备时间：10 分钟　　烹饪时间：20 分钟

原料

娃娃菜 1 棵，香菇 3 朵（若宝宝对香菇过敏，则不可使用），肉汤少许。

制作

1. 娃娃菜择洗干净，取菜心。
2. 香菇洗净，切丁。
3. 锅置火上，加入肉汤煮开，下入娃娃菜菜心、香菇丁。
4. 煮 10 分钟即可。

拓展　也可以加入少量豆腐，增加菜品的营养。

清甜翡翠汤

准备时间：10 分钟　　烹饪时间：25 分钟

原料

鸡肉20克，豆腐20克，莴笋20克，生鸡蛋1个，香菇1朵（若过敏，则不加），水500毫升。

制作

1. 香菇用水泡发后洗净切丝。
2. 鸡肉洗净后，切丁。
3. 豆腐洗净后，用勺子压成泥。
4. 莴笋烫熟后切碎，生鸡蛋只取蛋黄搅匀。
5. 水煮开，下入香菇丝和鸡肉丁。
6. 再次煮开，下入豆腐泥、莴笋碎和蛋黄液，煮3分钟即可。

什锦水果粥

准备时间：1小时　　烹饪时间：BB煲45分钟，电饭锅1小时

原料

大米30克，苹果1/4个，香蕉半根，哈密瓜1小块，水适量。

制作

1. 将大米淘洗干净，放在水中浸泡1小时。
2. 苹果洗净，去皮，去核，切丁；香蕉去皮，切丁。
3. 哈密瓜洗净，去皮，去瓤，切丁。
4. 将大米放入锅中，加适量水，大火煮成粥。
5. 粥熟时加入苹果丁、香蕉丁、哈密瓜丁稍煮即可。

小贴士

可以在浸泡大米的同时处理各种水果，以节省时间。

拓展　所用的水果可以根据不同的季节进行调整，但以汁少者为佳。

牛肉河粉

准备时间：20 分钟　　烹饪时间：20 分钟

原料

河粉 50 克，牛肉 20 克，香菜 5 克，冷开水、清水各适量。

制作

1. 将河粉切成小段。
2. 将河粉煮熟后，用冷开水冲凉。
3. 将牛肉洗净，切成碎粒。
4. 香菜洗净后，切末。
5. 水烧开，加入牛肉碎粒煮熟。
6. 加入河粉稍煮，撒上香菜末即可。

小贴士

牛肉不容易煮熟，在烹煮时，可以放入山楂，让牛肉更软嫩。

拓展　也可以加入适量菌菇类，如蟹味菇等，让菜品味道更鲜美。

苦瓜粥

准备时间：1 小时　　烹饪时间：30 分钟

原料

大米 50 克，苦瓜 20 克，水适量。

制作

1. 苦瓜用清水洗净，去瓤，切成丁，用热水焯一下，去除苦味。
2. 大米淘洗干净，浸泡 1 小时。
3. 将大米放入锅中，加水煮沸。
4. 放入苦瓜丁，煮至粥稠即可。

小贴士

可将洗净切丁的苦瓜、浸泡后的大米直接放入 BB 煲中，煲成苦瓜粥。

拓展　也可以加入洗净的薏米，制成薏米苦瓜粥。

虾仁蒸豆腐

准备时间：30 分钟　　烹饪时间：30 分钟

原料

内酯豆腐 1 块，胡萝卜半根，鲜虾 3 尾，芦笋 1 根。

制作

1. 内酯豆腐放入碗中，捣碎。
2. 鲜虾洗净，去壳和头尾，挑去虾线，剁碎，拌入内酯豆腐中。
3. 胡萝卜、芦笋分别洗净，去皮，剁碎后拌入内酯豆腐中。
4. 将拌好的内酯豆腐隔水蒸至虾肉由透明转红。

小贴士

内酯豆腐比较嫩，也可以用勺子碾碎。

什锦蔬菜粥

准备时间：1小时　　烹饪时间：35分钟

原料

大米30克，芹菜10克，胡萝卜5克，黄瓜5克，玉米粒5克，水适量。

制作

1. 将大米淘洗干净，放在水中浸泡1小时。
2. 芹菜、黄瓜分别洗净，切丁。胡萝卜洗净，去皮，切丁。
3. 将大米放入锅中，加适量水，大火煮成粥。
4. 粥将熟时，放入胡萝卜丁、芹菜丁、黄瓜丁、玉米粒煮10分钟即可。

小贴士

可以将准备好的大米和蔬菜加水后放入BB煲中，直接煲成粥。

香蕉芒果奶昔

准备时间：10 分钟　　烹饪时间：5 分钟

原料

香蕉 2 根，芒果 2 个，牛奶 200 毫升。

制作

1. 香蕉去皮，切成块。
2. 芒果去皮，取果肉，切成块。
3. 将香蕉、芒果、牛奶一起放入食物料理机中。
4. 搅拌均匀后盛出即可（可留一部分香蕉块、芒果块最后放入奶昔中）。

小贴士

芒果要选择熟透柔软的，对宝宝的健康更有帮助。制成的奶昔一次不要给宝宝食用太多。

拓展　也可以加入去皮后切成丁的火龙果一起搅拌，制成热带水果奶昔。

苹果猕猴桃羹

准备时间：10分钟　　烹饪时间：20分钟

原料

苹果半个，猕猴桃半个，水适量。

制作

1. 苹果洗净，去皮、去核后切成小丁。
2. 猕猴桃去皮，切成丁。
3. 将苹果丁、猕猴桃丁放入锅内，加水大火煮沸后，再转小火煮10分钟即可。

小贴士

将猕猴桃和苹果一起放在袋子里，可以使猕猴桃加速成熟。

拓展 也可以加入洗净后去皮切成丁的黄桃，制成营养更丰富的水果羹。

鱼泥馄饨

准备时间：20 分钟　烹饪时间：20 分钟

原料

鱼肉 50 克，葱花 2 克，馄饨皮 10 张，青菜 2 棵，水适量。

制作

1. 将鱼肉洗净，去刺，剁成泥。
2. 将青菜洗净，切成末。
3. 将鱼泥、青菜末混合做成馅。
4. 将馄饨馅包入馄饨皮中。
5. 锅内加水，煮沸后放入馄饨煮熟，撒上葱花即可。

小贴士

可以选择鱼刺较少的三文鱼制作馄饨馅，保证食用安全。

水滑蛋

准备时间：10 分钟　　烹饪时间：15 分钟

原料

鸡蛋 1 个，香油、葱花、温水各适量。

制作

1. 鸡蛋打入碗中，打发，加入适量温水搅匀。
2. 滴入香油，拌匀。
3. 锅中注水烧开，将碗放入锅中，隔水蒸 10 分钟。
4. 出锅，撒上葱花即可。

13～24个月咀嚼期

宝宝发育的特点

宝宝满12月龄后能用小勺舀起食物，但大多会散落，18月龄时能吃到勺中大约一半的食物，而到了24月龄后便能比较熟练地用小勺自喂，少有散落了。

辅食添加原则

这个阶段，宝宝的主要食物也逐渐从以奶类为主转向以混合食物为主，并逐渐适应家庭的日常聚会。随着幼儿自我意识的增强，应鼓励幼儿自己进食。

继续尝试不同种类的蔬菜和水果，尝试啃咬小果片或煮熟的大块蔬菜，增加进食量。

- 要求碎、软、新鲜　不能吃太硬的东西。
- 多吃扁平状食物　如肉丸、迷你汉堡肉等，锻炼宝宝咬断食物的能力。
- 适度加入煎、炸、烤制菜品　如煎豆腐丁等。

关键

◆每天仍然保持约500毫升的奶量。

◆应与家人一起进食一日三餐，并在早餐和午餐、午餐和晚餐之间，以及临睡前各加餐一次（点心）。

处理方法

蔬菜（如西蓝花、胡萝卜、番茄等）可以加工得块大一些。

喂养误区

宝宝的挑食情况越来越严重了，孩子真难管啊。

1 岁以后的宝宝一般都会挑食。宝宝刚开始的挑挑拣拣，其实是包含着一定游戏成分的无意识行为。父母应及时劝说引导，以免养成坏习惯。另外，宝宝不喜欢的食物，应变换烹调方法，或隔段时间再喂。另外，宝宝成长所需的大部分营养要靠正餐获得。为了使宝宝保持对正餐的兴趣，饭前 1 小时内别让宝宝吃零食或喝大量饮料，不要强求进食数量，要营造轻松愉快的气氛。随着宝宝的成长，他们的好奇心会越来越强，新的味道或口感、精致的外观、可爱的餐具等都能激发他们的兴趣。在这个阶段，妈妈的一句称赞也能让宝宝产生成就感，所以请不要吝惜您的鼓励。

到了 1 岁，必须给宝宝断母乳了。

断奶是顺其自然的事情，1 岁以内争取让宝宝一直吃母乳，即使母乳不够，可以为宝宝增加些配方奶，但不要断奶。宝宝断奶的节奏有快有慢，开始和结束的时间也略有不同，目前主张自然断奶。母乳喂养到 2 岁以上的宝宝，生病少，体质也好。

宝宝要多吃米饭。

宝宝这个时候已经可以吃软米饭了，但只吃软米饭营养是不够的，所以鱼、肉类、蔬菜、水果等的合理搭配是必需的。只要宝宝精神好、身体健康，不要强迫宝宝进食。另外，宝宝的饭量不一定是固定不变的。

宝宝要多吃鸡蛋。

鸡蛋通常是父母为宝宝首选的营养品，这个时候的宝宝已经可以吃鸡蛋了，但也不要过多摄入鸡蛋，宝宝以每天摄入 1 个鸡蛋（全蛋）为宜。

推荐食材

	可以食用的种类	制作形态	应该注意
谷类	包括糙米在内的大部分谷类。	主食可以吃软米饭、粥、小馒头、小馄饨、小饺子、小包子或面条等。	1天1碗左右就可以。1碗的容量约250毫升。
蔬菜类	大部分蔬菜，如土豆、白薯、甜南瓜、圆白菜、菜花、菠菜、胡萝卜、番茄。	煮熟、蒸软、焯烫、炒。	深色蔬菜每天40～60克，其他蔬菜每天40～60克，可提供充足的维生素、矿物质与膳食纤维，时常吃一些生菜沙拉。
水果类	苹果、草莓、桃子等大部分水果。	切片或切块直接食用。	要注意洗净、去皮，喂水果的最好时机是在喂完奶或吃完饭以后。每天50～150克。
肉类	猪肉、牛肉、鸡肉、动物肝脏。	炖汤、切成小块。	1. 每天吃40～60克。 2. 坚持每星期吃1～2次动物肝脏以补充铁质。
鱼鲜类	青花鱼、刀鱼、墨鱼、鱿鱼、蟹肉、虾肉、牡蛎等海鲜。	炖汤、切成小块。	1. 如有过敏症状，虾、螃蟹等要在2岁以后开始食用。 2. 鱼肉块可以稍大些。
蛋奶豆制品	鸡蛋（全蛋）、豆腐。	炖汤羹、炒、煮。	1. 鸡蛋1天吃1个就足够了。 2. 煎豆腐也可以，但要切成边长1厘米左右的小块。
油脂类	烹调用油，还有少量奶油。		每天5～15克，1大勺或1勺半，供给身体所需脂肪。

辅食添加指导

13 ~ 24 月龄的宝宝每天 1 个鸡蛋加 50 ~ 75 克肉禽鱼，面条、软饭、馒头等谷类每天 50 ~ 100 克，蔬菜、水果的量仍然根据宝宝需要而定，可让宝宝尝试啃咬大块水果和蔬菜。

13 ~ 24 月龄宝宝一日膳食安排

◆早上 7：00	母乳和（或）配方奶，加米粉或水果麦片粥、鸡蛋、鸡汤馄饨等，尝试家庭早餐
◆上午 10：00 左右	母乳和（或）配方奶，加水果片、水果块或香甜红薯球等少许点心
◆中午 11：00 ~ 12：00	蔬菜汤面、鸡肉蛋卷等各种食物
◆下午 3 ：00 左右	水果块或红豆沙糕等点心
◆晚上 5：00 ~ 6：00	苦瓜鸡蛋小煎饼、鲜汤小饺子、豆皮炒青菜等各种食物
◆晚上 8：00 ~ 9：00	母乳和（或）配方奶

这个月龄的宝宝，全天奶量在 400 ~ 600 毫升。

水果麦片粥

准备时间：10 分钟　　烹饪时间：10 分钟

原料

木瓜、香蕉各 20 克，燕麦片（免煮型）10 克，配方奶 100 毫升。

制作

1. 香蕉去皮，木瓜去皮去子，分别切成细丁。
2. 配方奶中加入燕麦片，搅匀将燕麦片泡软。
3. 放入水果丁拌匀即可。

小贴士

燕麦片应选择不用煮就可以食用的，有利于宝宝的消化吸收。

拓展　也可以加入部分当季新鲜蔬果，如草莓等。

黑芝麻核桃糊

准备时间：10 分钟　　烹饪时间：10 分钟

原料

黑芝麻30克，核桃仁30克。

制作

1. 将黑芝麻除去杂质，入锅，微火炒熟出香，趁热研成细末。
2. 将核桃仁研成细末，与黑芝麻末一起充分混匀。
3. 用沸水冲调成黏稠状，稍凉后即可食用。

小贴士

核桃仁油性较大，需要仔细研磨至细腻。

奶酪菜花泥

准备时间：5 分钟　　烹饪时间：10 分钟

原料

菜花 50 克，奶酪 1 块。

制作

1. 将菜花掰成小朵，洗净。
2. 放入开水锅中煮烂后取出。
3. 碾成泥。
4. 加入奶酪拌匀即可。

小贴士

要根据宝宝的月龄选择合适的奶酪。

什锦鸭羹

准备时间：20 分钟　　烹饪时间：20 分钟

原料

鸭肉50克，菠萝、莴笋、胡萝卜、水各适量。

制作

1. 将鸭肉洗净，切丁后焯水。
2. 菠萝、莴笋去皮，切丁。
3. 胡萝卜洗净，去皮，切丁。
4. 锅中加水，放入鸭肉丁煮熟。
5. 放入菠萝丁、莴笋丁、胡萝卜丁煮至熟烂即可。

小贴士

鸭肉的蛋白质含量高，莴笋和菠萝利于宝宝排便。

鸡汤馄饨

准备时间：15 分钟　　烹饪时间：20 分钟

原料

鸡肉末50克，葱花5克，鸡汤250毫升，青菜2棵，馄饨皮10张。

制作

1. 青菜择好，用清水冲洗干净。
2. 将青菜切成碎末，与鸡肉末拌匀制成馅。
3. 将馄饨馅包入馄饨皮中做成10个小馄饨。
4. 鸡汤烧开，下入小馄饨。
5. 煮熟后撒上葱花即可。

小贴士

馄饨皮最好自己制作。

油菜煎鸡蛋

准备时间：10 分钟　　烹饪时间：15 分钟

原料

油菜 15 克，鸡蛋液、植物油各适量。

制作

1. 油菜煮软后切碎。
2. 在油菜碎中加入鸡蛋液拌匀，制成油菜鸡蛋糊。
3. 锅中倒入植物油，开中火。
4. 倒入油菜鸡蛋糊，煎时不停地翻面，两面煎匀即可。

小贴士

油菜建议选用菜叶的部分。

蔬菜汤面

准备时间：10分钟　烹饪时间：15分钟

原料

油菜1棵，胡萝卜20克，鸡蛋1个，面条30克，儿童酱油、香油、盐、水各适量。

制作

1. 先将油菜和胡萝卜洗净，沥干水分，油菜切成细丝，胡萝卜去皮后切成细丝；将鸡蛋打散，过筛备用。
2. 锅中加入适量水煮沸。
3. 放入油菜丝、胡萝卜丝煮3分钟。
4. 再放入面条煮熟，淋入打散的鸡蛋液。
5. 用儿童酱油、香油、盐调味即可。

小贴士

蔬菜可以提前用淘米水浸泡，以去掉表面残留的农药。

拓展　也可以加入少量豆腐或玉米，制成杂蔬汤面。

肉末面

准备时间：15 分钟　　烹饪时间：20 分钟

原料

挂面、胡萝卜各20克，猪后腿肉15克，圆白菜10克，水适量。

制作

1. 胡萝卜洗净，去皮，切成短条；挂面掰成3厘米左右的小段。
2. 猪后腿肉切碎，圆白菜煮软后切末待用。
3. 将胡萝卜、猪后腿肉放入锅中，加水至刚没过食材后点火。
4. 待水沸腾后放入挂面，煮软出锅。
5. 加入煮好的胡萝卜，和面条一起烧煮入味后盛入碗中，撒上圆白菜末即可。

小贴士

圆白菜也可以在煮面的同时放入面条中煮软。

拓展　也可以加入少量豆腐泥，制成豆腐肉末面。

牛腩面

准备时间：10 分钟　　烹饪时间：3 小时

原料

牛腩 50 克，面条 50 克，香菜末、水各适量。

制作

1. 将整块牛腩焯水，取出，切成小块。
2. 锅中放入水，加入牛腩块，大火煮开，转小火炖 2 小时。
3. 炖至牛腩肉熟烂，放入面条。
4. 将面条煮熟捞出，加入牛腩肉汤、牛腩块，撒上香菜末即可。

小贴士

烹饪时放入一个山楂或一块橘皮，牛肉易烂，而且能让牛肉更香。

拓展　也可以在煮面条的时候加入番茄，制成番茄牛腩面。

苦瓜鸡蛋小煎饼

准备时间：15 分钟　　烹饪时间：20 分钟

原料

苦瓜1/4根，鸡蛋1个，盐、植物油各适量。

制作

1. 苦瓜洗净，去瓤，切碎。
2. 将切碎的苦瓜用开水焯一下，水中放盐，变色后捞出沥干。
3. 鸡蛋打入碗中，加盐打散，加入苦瓜碎，拌匀。
4. 锅中注入植物油烧热，倒入苦瓜蛋液。
5. 用小火慢慢地煎至两面金黄。
6. 关火后出锅，切成小块即可。

小贴士

这道菜特别适合宝宝在夏季吃。

拓展 如果宝宝不能接受苦瓜的味道，可以加入少量白糖，缓解苦味。

鸡肉蛋卷

准备时间：15 分钟　　烹饪时间：40 分钟

原料

鸡蛋 1 个，鸡肉 50 克，面粉、植物油、盐、薄荷叶、水各适量。

制作

1. 鸡肉洗净，剁成泥，加适量盐搅拌均匀，放在容器中上锅蒸熟。
2. 将鸡蛋打到碗里，加入少量面粉、1 个蛋壳盛量的水搅成面糊，不要有面疙瘩。
3. 平底锅内注入植物油烧热，倒入面糊，用小火摊成薄饼。
4. 将薄饼放在盘子里，加入鸡肉泥，卷成长条。最后放上薄荷叶装饰即可。

小贴士

鸡肉要提前蒸熟，需要大火蒸 10 分钟以上，一定要熟烂。

拓展　鸡蛋面糊中可以加入少量配方奶，制成奶香鸡肉蛋卷。

玉米肉末炒面

准备时间：10 分钟　　烹饪时间：20 分钟

原料

面条 50 克，肉末 30 克，玉米粒 30 克，植物油适量。

制作

1. 玉米粒与面条分别放入沸水里煮熟后，捞起放凉。
2. 另起锅注入植物油烧热，放入肉末以及玉米粒，翻炒片刻，盛出。
3. 锅内留油，放入面条炒匀。
4. 加入玉米粒、肉末翻炒均匀即可。

小贴士

玉米粒与面条需要分开煮，以免发生玉米粒已熟、面条未熟的情况。

拓展 也可以加入其他蔬菜，如西蓝花等。

三色蛋卷

准备时间：10 分钟　　烹饪时间：30 分钟

原料

韭黄 150 克，韭菜、胡萝卜各 60 克，鸡蛋 3 个，盐适量，植物油 15 毫升。

制作

1. 将韭菜择洗干净，放入滚水中后立即关火，5 秒钟后捞出放凉。
2. 将韭黄择洗干净，放入滚水中后立即关火，5 秒钟后捞出放凉。
3. 胡萝卜清洗干净，削去外皮，放入滚水中焯烫断生，捞出，放凉后切成细丝。
4. 鸡蛋打入碗中，放入盐，搅打均匀。
5. 在平底锅中倒入少量植物油，待油七成热时，倒入少量蛋液，摊成蛋皮，并依次将剩余蛋液摊成蛋皮。
6. 将摊好的蛋皮摊开，逐一放入韭黄、韭菜和胡萝卜丝，卷成卷。
7. 用韭菜捆好蛋卷打上结，切成段即可。

小贴士

煎蛋皮时火不能大，一定要用小火。

拓展　韭黄、韭菜可换成黄瓜。

香甜红薯球

准备时间：5 分钟　　烹饪时间：30 分钟

原料

红薯200克，无盐黄油20克，配方奶15毫升。

制作

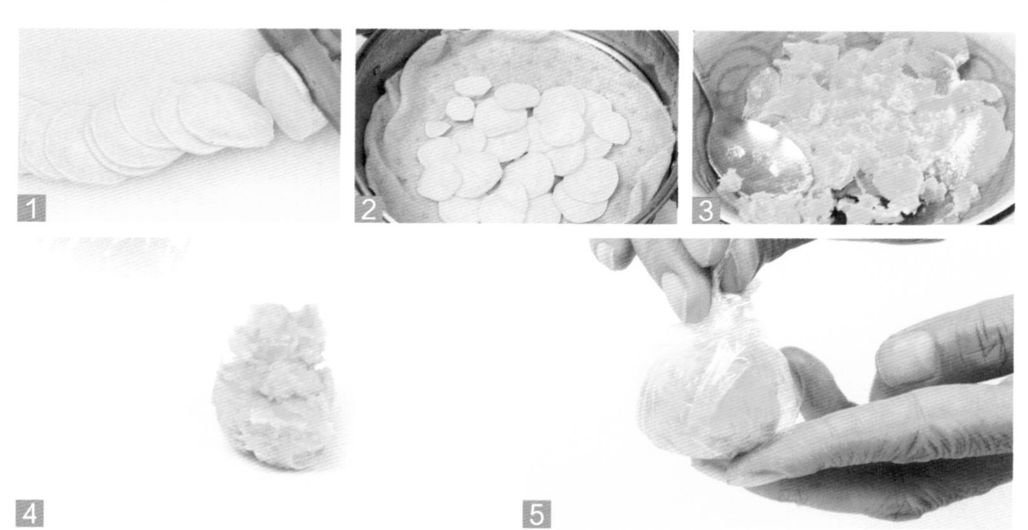

1. 红薯洗净去皮，切成片，放在盘子里。
2. 红薯片移入蒸锅中，大火蒸至熟软。
3. 趁热取出蒸熟的红薯片，加入无盐黄油和配方奶，压碎搅拌均匀制成薯泥，放至微温。
4. 撕一块保鲜膜，取适量薯泥放在保鲜膜中。
5. 拉起保鲜膜四边，沿同一个方向缠绕，直到中间的薯泥被压实成球状即可。

小贴士

在做红薯球的时候，不要将红薯球压得太实，否则不方便宝宝吞咽。

拓展 可以按照这种方法制作芋球、南瓜球。

香甜水果羹

准备时间：5分钟　　烹饪时间：10分钟

原料

苹果半个，猕猴桃半个，梨半个，藕粉少许，凉水适量。

制作

1. 苹果、梨洗净后去皮、去核，用挖球器挖出一个个球，放入锅中，加水没过食材，大火煮沸后转小火。
2. 猕猴桃去皮后用挖球器挖出球投入锅中。
3. 藕粉用凉水调开后画圈式倒入锅中，调匀成羹。

拓展 水果中维生素C的含量普遍较蔬菜要少，但猕猴桃中维生素C的含量比较丰富，并且含有较多的膳食纤维，对缓解宝宝便秘有很好的作用。

新鲜水果汇

准备时间：20 分钟　　烹饪时间：5 分钟

原料

黄桃10克，芒果10克，火龙果10克，香蕉半根，牛奶10毫升。

制作

1. 将黄桃用清水洗净，去皮，切成小块。
2. 芒果去皮，取肉，切成小块。
3. 火龙果去皮，切成小块。
4. 香蕉去皮，切成小块。
5. 将水果块装盘，淋上牛奶即可。

小贴士

牛奶加热后再淋到水果上，更能保护宝宝的胃。

拓展　也可以加入洗净去蒂切成粒的草莓，制成种类更丰富的水果汇。

红豆沙糕

准备时间：25 分钟　　烹饪时间：40 分钟

原料

红豆沙 250 克，糯米粉 200 克，黄米粉 150 克，白糖、植物油各适量。

制作

1. 将糯米粉、黄米粉、白糖混合在一起。
2. 加入植物油、红豆沙和适量水，用勺子搅拌成均匀的厚糊。
3. 倒入铺好屉布的容器中，将表面刮平。
4. 入锅开水旺火蒸 30 分钟，放凉后切块即成。

小贴士

1. 植物油不宜加入过多，避免口感油腻。
2. 制成的沙糕量比较大，可以切开后放入冰箱中冷冻，吃时取出化冻，加热即可。

瘦肉西蓝花

原料

猪瘦肉50克，西蓝花100克，盐、植物油各适量。

制作

1. 猪瘦肉切丁；西蓝花洗净，掰成小朵。
2. 将西蓝花焯烫后捞出。
3. 锅中注入植物油烧至五成热，放入肉丁翻炒。
4. 快炒熟时，下入西蓝花略炒，加盐调味即可。

小贴士

选购西蓝花时，同样体积的，手感越重质量越好。

拓展　也可以加入少量胡萝卜片，制成瘦肉西蓝花胡萝卜。

豆皮炒青菜

准备时间：10 分钟　　烹饪时间：10 分钟

原料

油豆皮半张（约50克），小油菜100克，香油3克，植物油5克，白糖、盐各1克。

制作

1. 将油豆皮切成小菱形片，放入滚水中略煮，待其变色、变软后即可捞出，备用。
2. 小油菜清洗干净，切成0.5厘米宽的小段，待用。
3. 中火烧热锅中的植物油，放入小油菜段翻炒片刻。
4. 再放入煮好的油豆皮小片、白糖、盐和香油炒匀即可。

小贴士

油豆皮煮约30秒钟即可，煮的时间长了影响口感。

拓展 油豆皮也可用鲜豆皮代替。

肉末炒木耳

准备时间：10 分钟　　烹饪时间：10 分钟

原料

肉末50克，黑木耳20克，植物油、盐各适量。

制作

1. 黑木耳提前泡发。
2. 泡好的黑木耳择洗干净，切碎。
3. 锅内注入植物油烧热，下入肉末炒至变色。
4. 再下入黑木耳，炒熟后加盐调味即可。

小贴士

翻炒木耳时，容易溅出油花，小心不要溅到身上。

拓展　可以加入少量黄瓜片，增加菜品的营养。

草菇豆腐

准备时间：30 分钟　　烹饪时间：20 分钟

原料

草菇50克，北豆腐60克，鲜豌豆30克，水淀粉、酱油各15毫升，植物油、水、盐各适量。

制作

1. 鲜豌豆洗净，煮熟。
2. 草菇洗净，对半切开。
3. 北豆腐切小块，备用。
4. 锅中注入植物油烧热，将北豆腐煎至两面金黄，盛出。
5. 另起锅注入植物油烧热，倒入草菇翻炒，加入适量水，加热2～3分钟至草菇成熟。
6. 再加入北豆腐、豌豆，最后放入酱油、盐调味，用水淀粉勾芡，烧开即成。

小贴士

给宝宝喂食豌豆时，一定要小心，防止宝宝呛噎，也可以提前将其碾碎再喂给宝宝。

拓展　不加酱油，可以制成清汤草菇豆腐。

五宝蔬菜

准备时间：20 分钟　　　　烹饪时间：10 分钟

原料

土豆1/2个，胡萝卜1/2根，芋头3个，香菇2朵，黑木耳3朵，盐、植物油各适量。

制作

1. 黑木耳用水泡发、洗净。
2. 将胡萝卜、土豆、芋头洗净后削皮，切片；香菇洗净，切片。
3. 锅内注入植物油烧热，先炒胡萝卜片，再放入香菇片、土豆片、芋头片、黑木耳翻炒。
4. 炒熟后加适量盐调味即可。

小贴士

可以加少量水进行炖煮，这样做成的五宝蔬菜口感更软烂。

拓展　可以加入少量熟玉米粒，增加食材的种类。

核桃鸡丁

准备时间：20 分钟  烹饪时间：15 分钟

原料

鸡胸肉 100 克，核桃仁 50 克，葱花、淀粉、花生油、盐、白糖、酱油、料酒、水各适量。

制作

1. 将鸡胸肉切成小丁，加入盐、少量水、淀粉拌匀，腌渍 10 分钟。
2. 核桃仁碾碎。
3. 取少许水，加入白糖、酱油、淀粉、料酒、盐兑成芡汁。
4. 炒锅注入花生油烧热，放入鸡胸肉丁翻炒。
5. 鸡丁熟时，烹入芡汁，加入葱花、核桃仁碎，翻炒几下出锅即可。

小贴士

鸡胸肉加盐、淀粉腌渍后，口感更滑嫩。

三文鱼竹笋汤

准备时间：15 分钟

烹饪时间：30 分钟

原料

三文鱼肉 1 小块，竹笋 30 克，蘑菇 3 朵，盐、葱、植物油、水各适量。

制作

1. 将三文鱼处理干净；蘑菇洗净，切成小片；葱切段。
2. 竹笋去外壳，洗净，切片，焯水。
3. 锅中注入植物油烧热，将三文鱼两面略煎。
4. 加入适量水，放入葱段、竹笋片、蘑菇片，大火烧开。
5. 转小火，炖煮 30 分钟，加盐调味即可。

鲜汤小饺子

准备时间：20 分钟

烹饪时间：15 分钟

原料

白菜 50 克，肉末 30 克，香菜叶 2 克，鸡汤 250 毫升，小饺子皮 6 张，水适量。

制作

1. 将白菜洗净切碎，与肉末混合搅拌做成饺子馅。
2. 取饺子皮包成饺子。
3. 锅内加水和鸡汤，大火煮沸后，放入饺子，煮熟后捞出，加入香菜叶即可。

蛋皮鱼卷

准备时间：15 分钟　　烹饪时间：30 分钟

原料

鱼肉泥 60 克，鸡蛋 2 个，葱末 2 克，植物油 3 毫升，姜汁 1 毫升。

制作

1. 鱼肉泥用葱末、姜汁调味。
2. 将调好的鱼肉泥放入蒸锅蒸熟。
3. 把鸡蛋打入碗中，搅散。
4. 小火将平底锅烧热，涂一层植物油，倒入蛋液摊成蛋饼。
5. 将熟之际把熟鱼泥摊上，卷成蛋卷。
6. 出锅后切小段，装盘即可。

小贴士

制作鱼肉泥以黄花鱼肉、鲅鱼肉、三文鱼等刺少的鱼肉为佳，可以提前做好，放入冰箱中冷冻，用时取出。

胡萝卜木瓜牛奶羹

准备时间：10 分钟　　烹饪时间：40 分钟

原料

胡萝卜半根，木瓜 1/4 个，牛奶 200 毫升，糖适量。

制作

1. 将胡萝卜洗净，去皮，切块；将木瓜洗净，去皮去子，切块。
2. 将胡萝卜、木瓜放入锅内蒸熟。
3. 取出，放入食物料理机中打成浆。
4. 食物料理机中再加入牛奶和糖，搅拌均匀，装碗即可。

小贴士

熟透的木瓜一般颜色深黄，闻一下有清香味道。

紫薯糯米糍

准备时间：30 分钟　　烹饪时间：1 小时

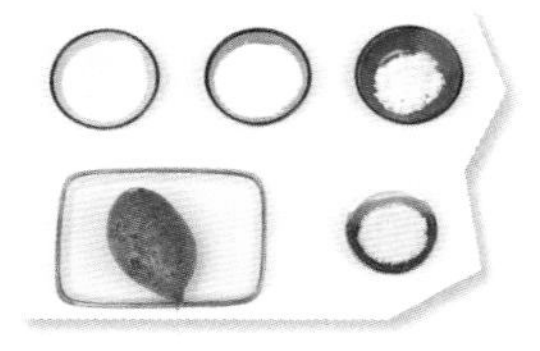

原料

糯米粉100克，淀粉、白糖各10克，紫薯、油、椰蓉各适量。

制作

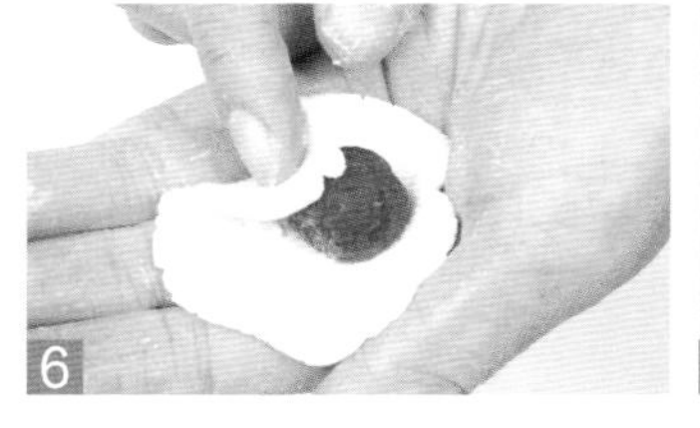

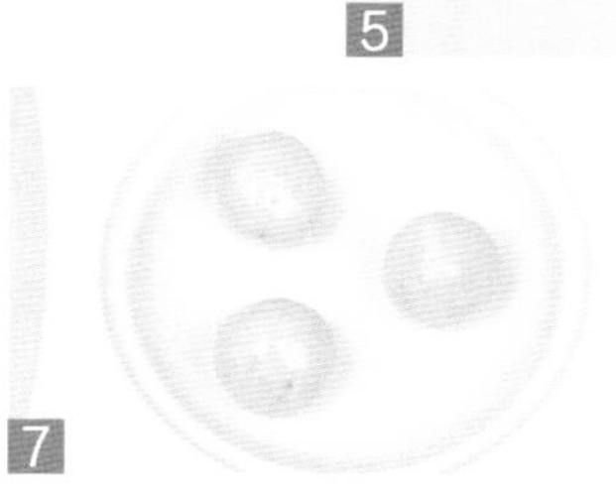

1. 将淀粉用温开水揉成光滑的面团。
2. 糯米粉加白糖后也用温开水揉成光滑的面团。
3. 将两个面团放在一起揉匀，静置30分钟。
4. 将紫薯切块煮熟，压碎，搓成若干个小圆球。
5. 面团搓成长条后分成均匀的剂子。
6. 取一个剂子，搓圆后压成圆饼状，包入紫薯馅，轻轻地搓圆，制成糯米滋生坯。
7. 在盘子里刷上一层油，放上糯米糍生坯，放进蒸锅蒸15分钟左右。
8. 蒸好后，趁热取出裹上一层椰蓉即可。

小贴士

糯米糍香甜可口，但因其不易消化，所以不宜多吃。

香菇炒三片

准备时间：5 分钟　　烹饪时间：15 分钟

原料

圆白菜、胡萝卜、山药各50克，香菇25克（易过敏，慎用），植物油、盐各适量。

制作

1. 香菇洗净去硬蒂，切块。
2. 圆白菜、胡萝卜、山药分别洗净，切片。
3. 热锅内注入植物油，烧热。
4. 放入胡萝卜片、香菇块翻炒。
5. 放入圆白菜、山药炒熟。
6. 加入盐调味即可。

小贴士

胡萝卜用油烹炒后，其中的营养物质更容易被宝宝吸收。

拓展　香菇可以用木耳或其他菌菇类代替。

蒸卤面

准备时间：10 分钟　　烹饪时间：30 分钟

原料

湿面条 100 克，长豆角 40 克，黄豆芽 40 克，葱末、姜片、盐、蚝油、白糖、植物油各适量。

制作

1. 将长豆角择洗干净，切小段；黄豆芽去根，洗净备用。
2. 蒸锅烧开水，铺上笼布，松散地放入湿面条，大火蒸 7～15 分钟。
3. 炒锅内注入植物油烧热，放入葱末、姜片炒香，再放入长豆角、黄豆芽炒 2 分钟，加入适量水、蚝油、盐、白糖，炖至豆角熟烂，剩半碗汁时关火。
4. 将蒸好的面条与汤汁拌匀，加锅盖蒸 3 分钟后取出即可。

小贴士

为保持菜品色泽，在煮菜的过程中不用加锅盖。

拓展　也可以加入其他蔬菜或豆腐干等，让菜品营养更丰富。

秘制手撕圆白菜

准备时间：5分钟　　烹饪时间：20分钟

原料

圆白菜100克，橄榄油5毫升，黄油8克，大蒜1瓣，盐、生抽各适量。

制作

1. 新鲜圆白菜分成一片片的叶子，洗净，用手撕成大片，去粗梗；大蒜切碎。
2. 锅中放入黄油烧热，加入蒜碎炝锅，直到产生香气。
3. 立刻加入圆白菜翻炒均匀，同时沿着锅边淋入橄榄油，使它很快被菜叶吸收。
4. 翻炒到还有一点脆度时，加盐关火，再加入生抽，翻匀后立刻盛盘。

小贴士

圆白菜一定要撕成大片，使片与片之间留有空隙，便于翻炒。不能让很多叶片紧密地叠在一起，这样受热不均匀，口感会很差。

拓展　也可以搭配加入菌菇类，丰富菜品的口感和营养。

2～3岁幼儿期

2～3岁幼儿期配餐营养需求

幼儿生长发育比较快，对于营养物质的需求仍相对较多，每日供给幼儿的食物应注意挑选，比如瘦肉、禽、鱼、乳、蛋和动物血、肝，可交替使用；粮食除大米、小麦制品外，应尝试小米、玉米、黑米等杂粮和标准面粉等，相互搭配。多选有色蔬菜，它们含维生素A、维生素C以及铁较多，应多选用。食物种类应多样化，并合理搭配，提高营养效果。

2～3岁喂养原则

2～3岁幼儿每日可喝450～600毫升牛奶，保证优质蛋白和钙的摄入。主食常用软饭、稠粥、烂面条、馒头、包子、馄饨等，带馅的面食孩子更喜欢。最好是米、面、杂粮交替食用。辅食以蔬菜和肉搭配为好，比如豌豆牛肉、猪肝圆白菜等。点心可备苏打薄饼干、小面包等，可搭配牛奶一起食用。

进餐次数一般为4～5次，正餐早、中、晚共三次，上、下午餐间可安排加些点心及奶，有些孩子喜欢早晚喝奶也可以。

推荐食材

	可以食用的种类	制作形态	应该注意
谷类	包括糙米的大部分谷类。	主食可以吃软米饭、粥、小馒头、小馄饨、小饺子、小包子或面条等。	1天2~3碗，根据宝宝实际饭量调整。每碗约250毫升。
蔬菜类	大部分蔬菜，如土豆、白薯、甜南瓜、圆白菜、菜花、菠菜、胡萝卜、番茄。	煮熟、蒸软、焯烫、炒熟。	深色蔬菜每天40 ~ 60克，其他蔬菜每天40 ~ 60克，可提供充足的维生素、矿物质与膳食纤维，时常吃一些生菜沙拉。
水果类	苹果、草莓、桃子等大部分水果。	直接食用。	1. 每天食用新鲜水果100 ~ 200克，可提供维生素、矿物质与膳食纤维。 2. 要注意洗净、去皮，喂水果的最好时机是在喂完奶或吃完饭以后。
肉类	猪肉、牛肉、鸡肉、动物肝脏。	炖汤、切成碎末及块状。	1. 每天吃50 ~ 75克，肉块可以切得比之前稍微大一些，达到能咀嚼的程度。 2. 坚持每个星期吃1 ~ 2次动物肝脏以补充铁质。
鱼鲜类	青花鱼、刀鱼、墨鱼、鱿鱼、蟹肉、虾肉、牡蛎等海鲜。	炖汤、蒸熟、炒炖。	1. 如有过敏症状，虾、螃蟹等要在2岁以后开始食用。 2. 鱼肉块可以稍大些。
高蛋白类	鸡蛋（全蛋）、豆腐。	炖汤、炒蒸。	1. 鸡蛋1天吃1个就足够了。 2. 煎豆腐要切成边长1厘米的小块。
油脂类	烹调用油、奶油、黄油等。		每天1大勺或1勺半，10 ~ 20克，供给身体脂肪。
盐			每天少于2克。

喂养误区

菜汤拌饭是宝宝的好食物。

很多2岁以后的宝宝，喜欢用馒头蘸菜汤吃，或者米饭拌菜汤吃，有的家长想，反正孩子也不太爱吃菜，拌点汤是不是更有营养呢？这是一个误区。因为菜汤里的油脂调料最浓，所以孩子如果喜欢用馒头或米饭蘸菜汤，他虽然会吃很多主食，但是菜就会吃得更少了，长期下去就会形成不良的饮食习惯，我们千万不要给孩子用菜汤拌各种食物吃。汤泡饭非常不利于锻炼孩子的咀嚼能力，容易养成孩子直接吞食的习惯。

让宝宝只喝汤不吃肉。

好多家长给孩子只喝汤不吃肉，民间好像有一种说法是汤的营养价值很高，多喝一点骨头汤、鸡汤、鱼汤，感觉营养是不错的。这是一个误区。比如说用骨头汤来补钙，好多家长有这个想法，但这是不对的。有数据表明，1000毫升骨头汤，一大碗，里面仅含16毫升的营养元素。只喝汤不吃肉不好，因为吃肉可以补充一些铁和锌，元素铁和锌在肉类中的含量往往比在蔬菜中高，也更易吸收，但是汤中的铁和锌一般含量微乎其微，这样好多的铁和锌外加蛋白质都浪费了，所以提倡既喝汤又吃肉。

只要宝宝能吃饭，边玩边吃，或者边看电视边吃也行。

错！宝宝在边玩边吃或者边看电视边吃的过程中，虽然这顿饭吃得不少，但是兴趣完全在玩具上或者电视上，其实他并不太知道自己到底吃了什么东西，长此以往是一个恶性循环，以后不让他玩他就不吃东西，不看着电视就不吃饭。另外，他的注意力不集中，在吃饭的时候，胃酸的分泌、唾液的分泌也都不那么充分，对孩子的消化吸收不利，所以我们希望孩子还是能够集中精力，把注意力完全集中在他吃的东西上，和妈妈谈论一些高兴的事情，这样比较好。

虾丸韭菜汤

准备时间：30 分钟　　烹饪时间：20 分钟

原料

鲜虾 100 克，鸡蛋 1 个，韭菜 10 克，淀粉、盐、植物油、水各适量。

制作

1. 将鸡蛋的蛋清、蛋黄分开，备用。
2. 鲜虾去头、壳、虾线，洗净，剁成虾蓉；韭菜洗净，切成末。
3. 虾蓉中放入蛋清、盐、淀粉，搅成糊状。
4. 将蛋黄放入油锅，摊成鸡蛋饼，切成丝。
5. 锅内放入适量水，开锅后用小勺舀虾糊氽成虾丸，依次放入锅中。
6. 再放入蛋饼丝，再次开锅后，放入韭菜末，略煮即可。

小贴士

本菜特别适合在春季韭菜最好的季节食用，韭菜味较浓，如果宝宝吃不惯，可以替换成香菜等。

西蓝花鱼丸汤

准备时间：15 分钟　　烹饪时间：20 分钟

原料

西蓝花1棵，鳕鱼（去皮、去骨）1块，鸡蛋1个，盐、面粉各少许。

制作

1. 鸡蛋取蛋黄，在食物料理机中依序放入鳕鱼、面粉和蛋黄，加入少许盐，搅打成泥。
2. 西蓝花分成小朵，用沸水烫熟，取2小朵，放入食物料理机，搅打成泥。
3. 将鸡蛋鳕鱼泥和西蓝花泥混合搅拌均匀。
4. 双手洗净，沾点水，从虎口处挤出一个个小丸子，逐个丢到小火煮开的开水锅里。
5. 待丸子浮起，再煮片刻，将丸子和汤一块盛入碗中。

拓展　鳕鱼含有丰富的DHA、维生素A、维生素D、维生素E等，有利于大脑发育，适合宝宝食用。

香菇鱼丸汤

准备时间：20 分钟　　烹饪时间：20 分钟

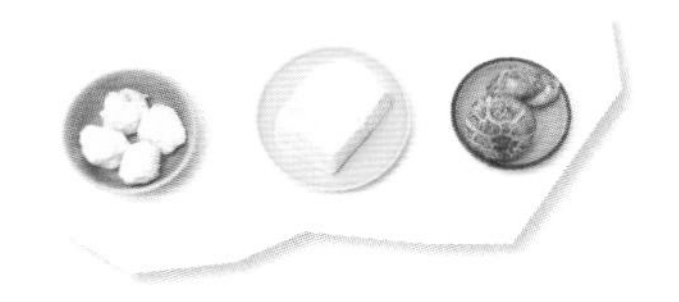

原料

鱼丸50克，豆腐50克，香菇2朵，水适量。

制作

1. 香菇用清水冲洗干净。
2. 洗净后的香菇切成小块，焯水。
3. 豆腐用清水冲洗干净，切成丁。
4. 锅内倒入水烧开，放入香菇块、鱼丸，大火煮开至鱼丸浮起。
5. 放入豆腐丁略煮即可。

小贴士

鱼丸也可以在家自制，选择鲅鱼、鳕鱼等多肉少刺的鱼，将鱼肉剁成泥，加蛋清、淀粉沿一个方向搅上劲，用勺子舀成丸子状即可。

拓展　汤中也可以加入油菜等新鲜绿叶菜，做成鲜蔬汤。

什锦小软面

准备时间：30 分钟　　烹饪时间：20 分钟

原料

鸡蛋 1 个，胡萝卜半根，黑木耳适量，手擀面 1 把。

制作

1. 黑木耳泡发，洗净，剁碎。
2. 胡萝卜洗净，去皮，剁碎。
3. 鸡蛋取蛋黄，在碗中搅打均匀。
4. 手擀面放入沸水中煮 1 分钟，捞出。另起一锅烧一锅开水，放入黑木耳碎、胡萝卜碎和手擀面。蛋黄液以画圆圈的方式浇入锅中，拌匀，煮至面熟。

小贴士

黑木耳提前用凉水泡发，比用热水泡发更能保留营养价值。

菠菜猪血汤

准备时间：10 分钟　　烹饪时间：15 分钟

原料

猪血50克，菠菜2棵，红、黄彩椒碎各适量。

制作

1. 菠菜用清水清洗干净。
2. 将洗净的菠菜切成段，焯烫。
3. 猪血用水冲洗干净，切成小块。
4. 把猪血放入沸水锅内稍煮。
5. 再放入菠菜叶煮沸即可。最后可点缀上红、黄彩椒碎。

小贴士

真的猪血较硬、易碎；假猪血由于添加了化学物质，柔韧且不易破碎。

拓展 也可以将菠菜换成豆腐熬汤，制成双色豆腐汤。

猪肝圆白菜

准备时间：15 分钟　　烹饪时间：20 分钟

原料

猪肝泥 25 克，豆腐 25 克，胡萝卜 20 克，圆白菜叶 20 克，肉汤 250 毫升，淀粉适量。

制作

1. 将完整的圆白菜叶用清水冲洗干净，放入沸水中煮软。
2. 胡萝卜洗净，去皮，切成碎末。
3. 豆腐洗净压碎，和猪肝泥混合，加入胡萝卜碎搅匀备用。
4. 把肝泥豆腐放在圆白菜叶中间，再将圆白菜叶卷起，用淀粉封口。
5. 将做好的猪肝泥圆白菜卷放入肉汤中煮熟即可。

小贴士

圆白菜叶尽量选择靠近菜心位置的嫩菜叶。

拓展　圆白菜可以用娃娃菜替换。

清蒸银鲳鱼

准备时间：15 分钟　　烹饪时间：20 分钟

原料

银鲳鱼 1 条，花生油、盐、生抽、葱、姜、蒜、红甜椒、黄甜椒、香菜、水各适量。

制作

1. 银鲳鱼治净后两面切花刀，用盐和生抽涂抹均匀，腌制 10 分钟以上。
2. 将一部分葱切段，姜切片，一部分蒜切片，平铺在腌好的银鲳鱼上。蒸锅中注水烧开，放入银鲳鱼大火蒸 12 ~ 15 分钟。
3. 把银鲳鱼身上的葱、姜、蒜拿出，汁水倒入小碗中备用。
4. 将红甜椒、黄甜椒切碎，香菜和剩余的葱、蒜切碎，放入小碗中。
5. 炒锅里放入花生油烧热，倒入装汁水的小碗里，做成调味汁。
6. 将做好的调味汁均匀地浇在银鲳鱼上即可。

芙蓉虾球

准备时间：15 分钟　　烹饪时间：15 分钟

原料

鸡蛋 2 个，鲜虾 300 克，姜 2 片，牛奶 30 毫升，淀粉、盐、料酒、鸡精、白糖、色拉油各适量。

制作

1. 鲜虾去壳，抽去虾线，取虾仁；鸡蛋取蛋清。
2. 用刀将虾仁背部划开，用少许料酒、姜片腌制去腥。
3. 淀粉中加入牛奶调成水淀粉状，再加入适量的盐、白糖、鸡精、蛋清调匀。
4. 热锅中注入适量色拉油，不等油热，直接下入虾仁翻炒，虾仁发白就捞出，将其放入调匀的淀粉液中，稍稍拌匀。
5. 另起锅，热锅注入色拉油，倒入裹着淀粉液的虾仁。
6. 待底部稍稍凝固后快速翻炒，淀粉液基本凝固后出锅。

小贴士

炒虾仁时，不能炒太久，要保持虾球的鲜嫩。

香卤鸡肝

准备时间：2 小时　　烹饪时间：40 分钟

原料

鲜鸡肝500克，料酒、盐、八角、葱段、姜片、老抽各适量。

制作

1. 鲜鸡肝洗净，放入凉水中浸泡2小时以上，中间可以多换几次水。
2. 鸡肝放入开水锅里，加葱段、姜片煮3分钟，取出。
3. 锅里放水烧开，放入鸡肝、姜片、八角、料酒、少量老抽、盐，大火煮开，小火炖30分钟至熟烂，放凉后食用即可。

小贴士

烹煮鸡肝之前，一定要用水多浸泡一段时间，以去除杂质、血沫等。

孜然炒豆腐

准备时间：10 分钟　　烹饪时间：20 分钟

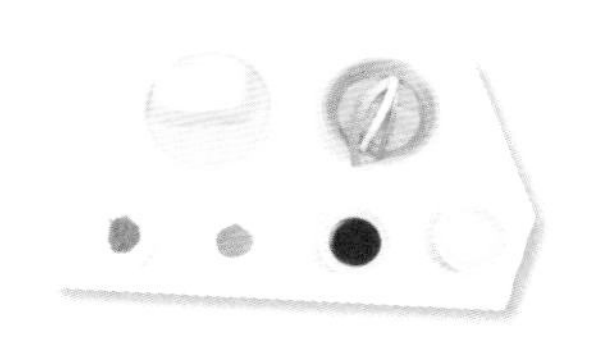

原料

北豆腐200克，葱50克，花椒粉、孜然粉、酱油、植物油各适量。

制作

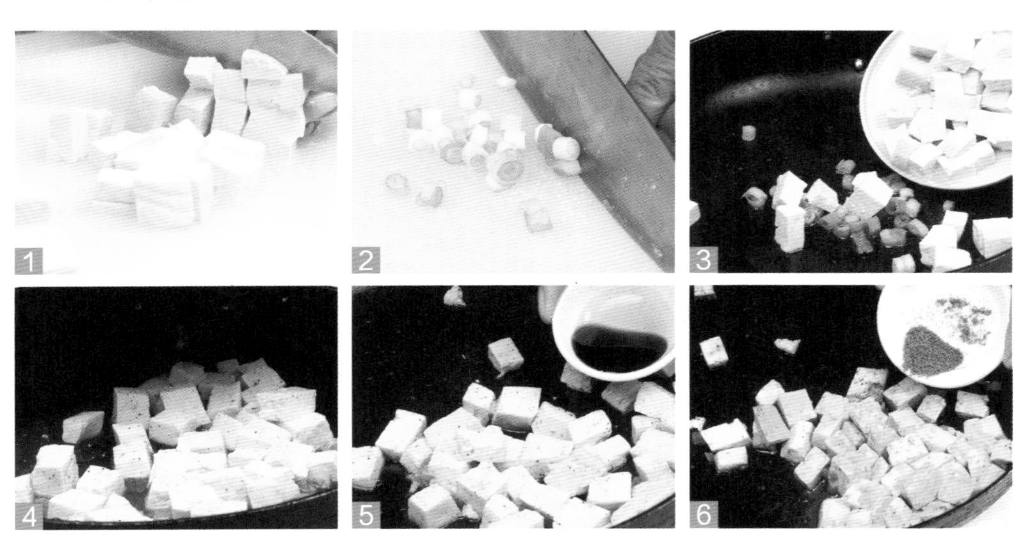

1. 北豆腐切成丁。
2. 葱切成葱花。
3. 锅中放2勺植物油，加入花椒粉，再加入葱花，翻炒几下有香气之后，再加入豆腐丁。
4. 翻匀豆腐丁，然后加盖焖1分钟。
5. 转小火慢慢煸炒，同时适当翻动，把水分蒸发掉，待豆腐丁表面变干时，再加酱油翻匀。
6. 最后加入孜然粉，改中火，再翻动豆腐丁，令孜然产生香气，即可盛出。

小贴士

北豆腐买回来后，略放，让水分挥发后再切丁，这样炒时不容易碎。

拓展 也可以把北豆腐切成薄片，用少许油煎熟，撒上花椒粉、孜然粉。

大米红豆饭

准备时间：10 分钟　　烹饪时间：50 分钟

原料

大米、红豆、水各适量。

制作

1. 红豆洗净，放入锅中，加水大火煮开后转小火，待红豆熟烂，关火。
2. 大米倒入电饭煲，淘洗干净。
3. 将红豆与大米混合均匀，倒入煮豆水。
4. 开煮饭挡蒸约 30 分钟，熟后拌匀食用。

小贴士

红豆可以提前用清水浸泡 3 ～ 4 小时，缩短煮的时间。

双色馒头

准备时间：10 分钟　　烹饪时间：2 小时

原料

面粉、荞麦粉各100克，酵母、温开水各适量。

制作

1. 面粉中加入酵母、适量温开水揉成面团，醒 30 分钟。
2. 荞麦粉中加入酵母、适量温开水揉成面团，醒 30 分钟。
3. 将两块面团分别揉成长条，再叠加在一起搓成 1 条。
4. 将其切成馒头大小的坯子，放入锅内大火蒸 20 分钟即成。

小贴士

一定要用温开水，面团柔韧性好。

拓展　荞麦粉可以换成紫薯糊，把紫薯蒸熟，去皮搅成糊，同样美味。

胡萝卜饼

准备时间：20 分钟　　烹饪时间：15 分钟

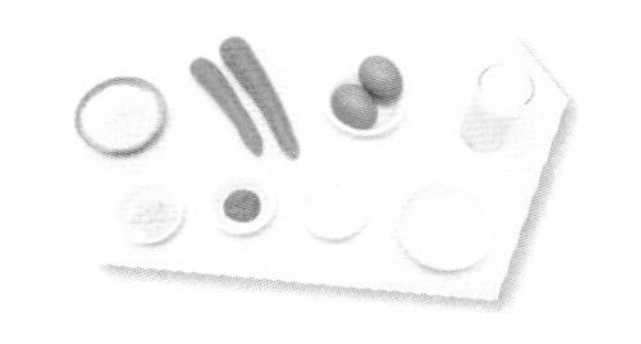

原料

面粉250克，胡萝卜2根，鸡蛋2个，牛奶100毫升，蒜末、胡椒粉、盐、植物油、水各适量。

制作

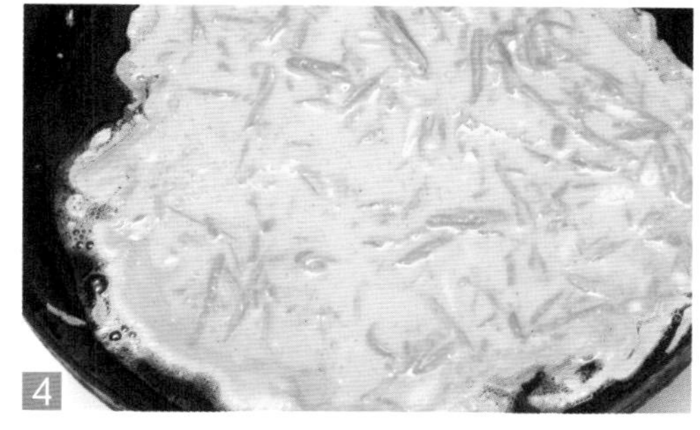

1. 将胡萝卜洗净，去皮，擦成丝，加入蒜末、胡椒粉、盐调味。
2. 面粉中放入鸡蛋、牛奶及适量水调成稠糊。
3. 加入调好味的胡萝卜丝拌匀。
4. 煎锅内注入植物油烧至五成热，用大勺舀面糊放入煎锅中，摊成圆饼，中火煎至两面上色即成。

小贴士

面糊搅拌好之后醒一会儿，这样做出来的饼更加松软。

拓展 可以加入香菇、葱花，不加牛奶。

可爱小刺猬

准备时间：10 分钟　　烹饪时间：30 分钟

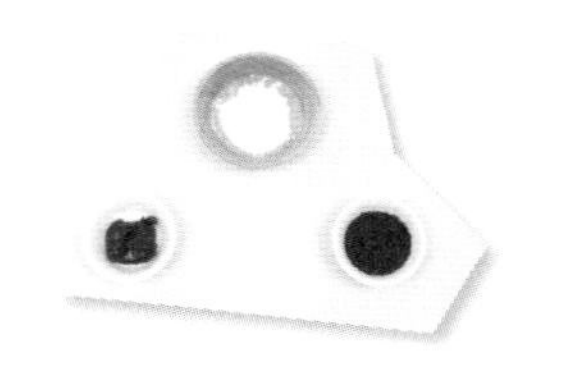

原料

糯米粉250克，豆沙馅、黑芝麻、水各适量。

制作

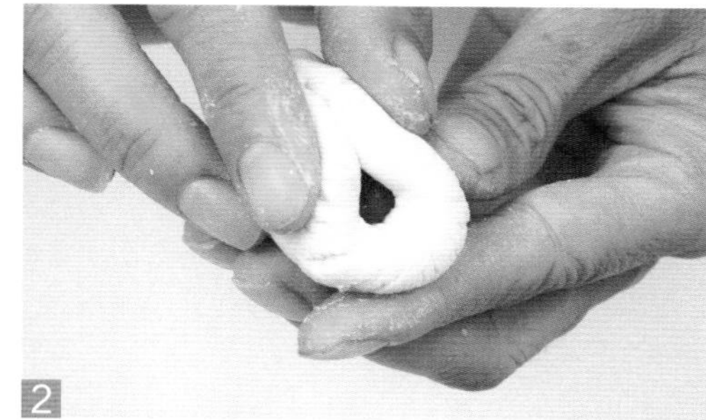

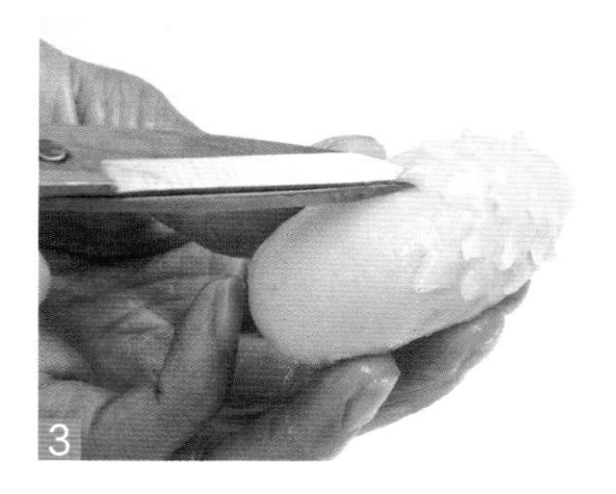

1. 将糯米粉加入适量水和成面团，搓成长条形，分成每份30克的小剂子。
2. 将小剂子揉圆压扁后包入豆沙馅，捏拢收口，制成椭圆形。
3. 入锅蒸5分钟，取出后剪出刺。
4. 用黑芝麻作眼睛，放入蒸笼蒸15分钟，熄火，闷2分钟，取出即成。

小贴士

剪小刺猬用的剪刀一定要尖，且不能剪得太深，以免露出里面的豆沙馅。

拓展 也可以将糯米粉换成牛奶和面粉（比例为1：2）。

双色水饺

准备时间：15 分钟　　烹饪时间：1 小时

原料

面粉1000克，猪瘦肉、白菜各500克，菠菜300克，胡萝卜1根，香菇5朵，甜玉米、葱、老抽、盐、白糖、鸡精、香油、植物油、水各适量。

制作

1. 菠菜洗净，胡萝卜洗净去皮，二者剁碎加温水榨汁后过滤。
2. 将菠菜汁、胡萝卜汁加水分别与等量面粉揉匀，和成两种颜色的面团，醒20分钟。
3. 香菇洗净，切碎；锅中注入植物油烧热，放入切碎的香菇稍微翻炒一下。
4. 猪瘦肉、白菜剁碎，加入香菇碎、甜玉米、葱、老抽、白糖、鸡精、香油、盐搅拌均匀。
5. 将面团擀成两种颜色的饺子皮，包入饺子馅。
6. 锅中烧开水，下入饺子煮熟盛出摆盘即可。

黑芝麻果干红豆包

准备时间：10 分钟　　烹饪时间：2 小时

原料

红小豆200克，炒熟的黑芝麻2大勺，红枣10个，桂圆肉、葡萄干各2勺，面粉300克，酵母、水各适量。

制作

1. 将红小豆洗净，用高压锅煮软，压成红豆馅。
2. 黑芝麻打碎；红枣洗净，去核，切碎；桂圆肉和葡萄干洗净后切碎。
3. 将黑芝麻碎、红枣碎、桂圆肉碎和葡萄干碎一同放入红豆馅中拌匀制成馅。
4. 面粉中加酵母和适量水和成面团，发酵。
5. 将发酵好的面团搓成长条，摘成剂子，擀成包子皮。
6. 包入馅料制成大馅豆包，入锅蒸熟即成。

小贴士

蒸好后不要马上揭开锅盖，要让包子在锅内冷却10分钟，然后再打开锅盖。

肉末腰果芝麻球

准备时间：30 分钟　　烹饪时间：30 分钟

原料

糯米粉500克，烤腰果、猪瘦肉末、澄粉、花生酱、黄油、白糖、白芝麻、植物油、温水、沸水各适量。

制作

1. 糯米粉中加入黄油、温水和成面团。
2. 澄粉加沸水制成烫面团，再加入温水面团，揉匀，静置发酵。
3. 花生酱用少许温水调匀。
4. 腰果压碎，放入猪瘦肉末中，加入白糖、花生酱调匀成馅。
5. 面团搓成长条，做成剂子，压扁，包入馅料，封口搓成球，裹上白芝麻，下入热油中炸至金黄色即成。

专家提示　注意：幼儿食物应以蒸、煮、炖为主，油炸食物不宜多吃。

苏打薄饼干

准备时间：20 分钟　　烹饪时间：30 分钟

原料

低筋面粉100克，白糖15克，盐2克，小苏打、酵母各1克，水30毫升，黄油20克。

制作

1. 将所有食材倒入盆中混合均匀，加入30毫升水，和成光滑面团。
2. 用擀面杖将面团擀成厚0.5厘米的薄片，切成方块，用牙签戳几个小孔，摆入烤盘。
3. 放入预热好的烤箱中，以170℃烘烤20分钟左右即可。

小贴士

用牙签在饼干上戳孔，烘烤时不会胀裂变形。

牛奶木瓜饮

准备时间：5 分钟　　烹饪时间：10 分钟

原料

木瓜 300 克，牛奶 200 克，蜂蜜半勺。

制作

1. 木瓜洗净，去皮，去子，用食物料理机打成糊。
2. 立刻在打好的木瓜糊中加入牛奶。
3. 再搅拌几秒钟，搅匀后倒入容器中。
4. 加蜂蜜搅匀，即可饮用。

小贴士

木瓜要现用现切，保证新鲜。

茄汁蝴蝶面

准备时间：5分钟　　烹饪时间：15分钟

原料

意大利蝴蝶面100克，番茄1个，洋葱50克，猪肉馅、盐、色拉油、黄油各适量。

制作

1. 意大利蝴蝶面先放入滴入了色拉油的开水锅中，煮至无硬心，然后停火在锅里闷5分钟至面软烂。
2. 洋葱切丁；番茄去皮，切丁。
3. 锅中放入黄油至熔化，放入猪肉馅炒熟，放入洋葱丁炒香，再加入番茄丁炒至出汤。
4. 加入意大利蝴蝶面，撒入少量盐调味即可。

小贴士

如果宝宝能接受辣味，可以撒入少许黑胡椒粉。

白菜虾仁包

准备时间：15 分钟　 烹饪时间：50 分钟

原料

面粉250克，鲜虾仁100克，白菜叶4片，胡萝卜1根，鸡蛋2个，酵母、盐、植物油各适量。

制作

1. 将白菜叶洗净，焯软，沥干后切碎；鸡蛋打散搅匀。
2. 鲜虾仁洗净，切丁；胡萝卜洗净，去皮，切丁。
3. 炒锅内注入植物油烧热，倒入蛋液炒熟盛出。
4. 虾仁中加入鸡蛋、白菜碎、胡萝卜丁、盐、植物油拌匀成馅。
5. 把酵母用温水化开，加入面粉中和成面团，擀成包子皮。
6. 包入馅，做成包子，上锅蒸20分钟即成。

小贴士

虾仁本身有十足的鲜味，所以应少加调料。

拓展 制成的包子，量比较大，若一次吃不完，可以放入冰箱冷冻室中储存。

小笼包

准备时间：10 分钟　　烹饪时间：50 分钟

原料

发酵面团100克，猪肉50克，盐0.5克，白糖2克，香油5毫升，儿童酱油3毫升，清水适量。

制作

1. 将猪肉洗净，剁碎，放入盆内。
2. 加入儿童酱油、盐、白糖搅匀，分几次加入清水，搅打均匀。
3. 加入香油拌匀，做成包子馅，备用。
4. 发酵面团揪成剂子，擀成皮。
5. 包入馅，捏成包子生坯。
6. 蒸锅加水煮沸，放入包子生坯，大火蒸5分钟后转小火蒸20分钟即可。

小贴士

食用时，用筷子将包子轻轻地戳个洞，会凉得快一些，宝宝吃得更香。

拓展 可以用鱼泥或白菜碎调成包子馅，做成海鲜小笼包或素菜小笼包。

海带炖肉

准备时间：10 分钟　　烹饪时间：40 分钟

原料

猪肉200克，鲜海带50克，盐、植物油、水各适量。

制作

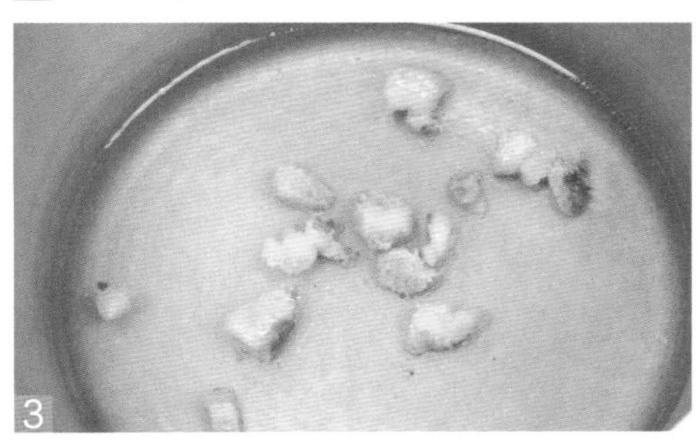

1. 猪肉切小块，焯水；鲜海带洗净，切片。
2. 锅中注入植物油烧热，放入猪肉块略炒。
3. 加水，大火烧开转小火炖至八成烂。
4. 下入海带片，再炖10分钟左右，加盐调味即可。

专家提示 海带要炖得很烂才能食用，否则不易消化。海带中含有盐分，不宜多食。

拓展 也可以加入少量绿豆芽，增加菜品的营养。

豌豆牛肉

准备时间：15 分钟　　烹饪时间：30 分钟

原料

牛里脊 200 克，豌豆荚 250 克，生抽 10 毫升，干淀粉 5 克，料酒 5 毫升，盐 3 克，植物油、蚝油、沸水各适量。

制作

1. 豌豆荚择去老筋，洗净，放入沸水中焯烫断生，捞出，沥干水分。
2. 牛里脊切片，用生抽、干淀粉和料酒抓拌均匀，腌制 10 分钟。
3. 炒锅中放入植物油，待油烧至七成热时，放入牛里脊片炒至八成熟。
4. 然后放入豌豆荚，调入蚝油和盐，翻炒至熟即可。

小贴士

牛里脊肉逆纹切比较容易。

香菇炖鸡

准备时间：20 分钟　　烹饪时间：40 分钟

原料

草鸡半只，香菇10朵，红甜椒1/2个，大葱2段，姜3片，香葱、生抽、老抽、料酒、白糖、盐、八角、烹调油、温水各适量。

制作

1. 香菇去蒂后冲洗干净，放在温水中泡发。
2. 草鸡治净，控干水分后切块；红甜椒切小片备用。
3. 将泡好的香菇在流动的水里揉搓清洗干净，泡香菇的水过滤后备用。
4. 锅中注油烧热，放入鸡块煸炒至变色，放入姜片、大葱段、八角一起翻炒。
5. 加老抽上色，再加入生抽、料酒、白糖、盐调味，倒入过滤好的香菇水，淹没鸡块。
6. 大火烧开，用中小火炖至肉约八分熟时加入香菇，继续炖至汤汁收浓时，加入红甜椒和香葱拌匀即可出锅。

胡萝卜炖牛肉

准备时间：10 分钟　　烹饪时间：1 小时 30 分钟

原料

牛肉 300 克，胡萝卜 200 克，水发木耳 50 克，姜片、小茴香、月桂叶、盐、水各适量。

制作

1. 水发木耳洗净；胡萝卜洗净，去皮，切块。
2. 牛肉洗净，切块，焯水，放入锅中，加入姜片、小茴香、月桂叶、足量水煮沸，加入木耳微火炖 1 小时。
3. 放入胡萝卜块，继续炖至胡萝卜变软，出锅时加盐调味即可。

小贴士

炖牛肉时，可以选用牛腩、牛腱子等部位。

青椒洋葱炒鸡心

准备时间：10 分钟　　烹饪时间：20 分钟

原料

鸡心 250 克，青椒 150 克，洋葱 100 克，酱油 2 勺，料酒 1 勺，色拉油 20 克，姜末、盐、咖喱粉各适量。

制作

1. 将鸡心洗净后对切，青椒、洋葱洗净后切条。
2. 锅中注入色拉油烧至七成热，加姜末和咖喱粉炒出香气。
3. 放入鸡心翻炒至鸡心变色，控油捞出。
4. 锅中留油略热，放入洋葱翻炒 2 ~ 3 分钟，加入青椒翻炒均匀。
5. 倒入鸡心，加少量盐，烹入料酒翻匀，再加酱油炒匀即成。

小贴士

鸡心中的残血一定要彻底清除干净，不然会特别腥。

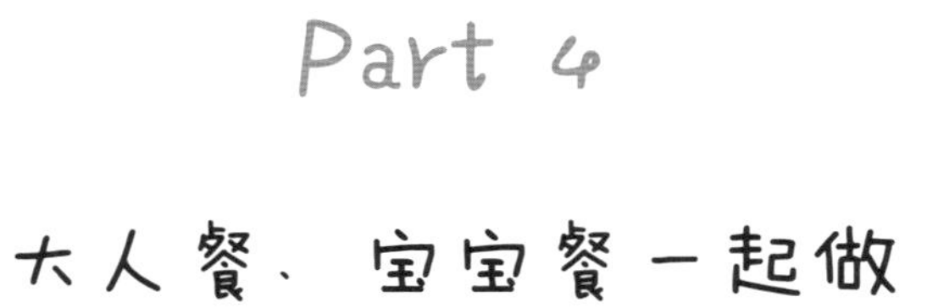

◎稍稍调整后就可以给宝宝食用的辅食

◎将外食处理成可以给宝宝食用的辅食

◎四季特色食材大人宝宝一起吃

稍稍调整后就可以给宝宝食用的辅食

需要调整一下味道的

烹调辅食是一项费时费力的工作——无论是煮烂食物、研磨食物、切碎食物还是榨取汤汁。而且宝宝一顿辅食的量又非常少，做多了就会造成浪费。

如果能很好地控制盐分、糖分和脂肪，有时也可以从已经烹饪完毕的大人的饭菜中分出一部分给宝宝吃，这样既简单又省力。常见的方式有以下几种。

1. 在基本处理（择洗、去皮等处理）之后，在调味之前分出辅食用的食材。例如，在做红烧豆腐时，先用少量酱油进行调味，取出给宝宝食用的豆腐，再向剩余食材中加入适合成人的调料汁进行调味。

2. 可以将食物混在米粥里稀释调料的味道，或者选择较深层的比较不入味的部分给宝宝食用。

红烧大虾

准备时间：10 分钟　　烹饪时间：20 分钟

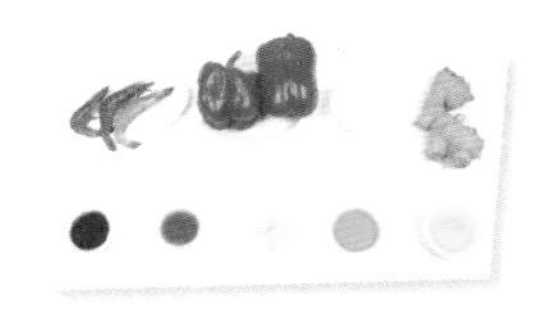

原料

明虾500克，青椒、红彩椒各1/2个，料酒、老抽各15毫升，生抽30毫升，花生油、姜、蒜、白糖、水各适量。

制作

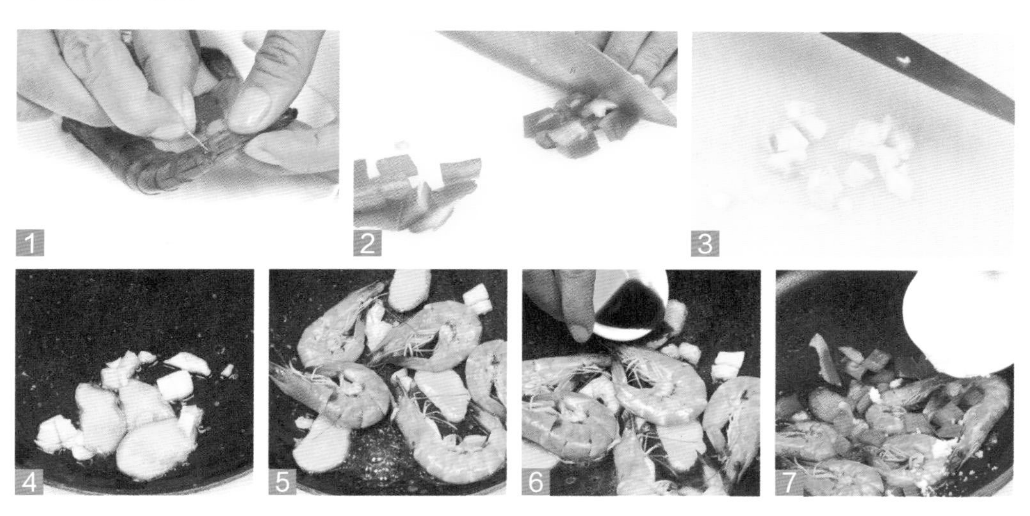

1. 用牙签挑掉虾线并将虾清洗干净，控干水分。
2. 青椒、红彩椒分别洗净，切块。
3. 姜切片，蒜拍碎。
4. 锅内放入花生油烧热，爆香姜和蒜。
5. 倒入处理好的明虾，翻炒至虾体开始变红，直至炒干。
6. 依次倒入料酒、老抽、生抽和适量水，翻炒后盖上锅盖焖2分钟。
7. 放入青椒和红彩椒翻炒，加入白糖提鲜，大火收汁即可。

小贴士

在虾的尾部第二节，用一根牙签穿过去，可以把虾线轻轻地挑出来。

拓展　大虾的品种不限，只要新鲜就好。

糖醋小排骨

准备时间：15 分钟　　烹饪时间：35 分钟

原料

猪肋排 300 克，香葱 1 棵，老姜 10 克，黄酒 30 毫升，白糖 30 克，生抽 15 毫升，盐 2 克，香醋 50 毫升，植物油 200 毫升（实耗 30 毫升）。

制作

1. 猪肋排剁成 3 厘米的小段；香葱切段；老姜切丝。
2. 猪肋排放入碗中，加入香葱段、老姜丝、生抽、盐、黄酒 15 毫升，腌 20 分钟，剔除葱姜。
3. 中火加热炒锅中的植物油至五成热，逐块放入腌好的猪肋排，炸至金棕色，两端露出猪骨，捞出沥干油备用。
4. 炒锅中留底油，倒入香醋、白糖和剩余的黄酒，搅拌均匀。
5. 用中火加热至沸腾，继续搅拌至汤汁红亮黏稠，倒入炸好的猪肋排翻炒均匀即可。

专家提示　注意：制作时油、盐不能加过量。

需要制作过程中分取的

由于做宝宝辅食和做大人吃的正常饭菜都比较麻烦，所以时间可能会错开，宝宝吃饭和大人吃饭的时间也就会错开。从大人的饭菜中分出辅食来，可以尽可能地让宝宝用餐和大人用餐的时间重合——所以，想要全家人一起吃饭，可以试试下面的方法。

1. 在辅食的不同阶段，宝宝可以食用的食物也不尽相同。当您在准备大人的饭菜时，最好考虑一下其中有哪些是宝宝可以吃的，哪些是暂时还不能吃的，在制作过程中进行分取。

2. 可以从大人吃的饭菜中找出两三种食材加入到辅食中，例如制作关东煮时，把其中备受欢迎的鸡蛋、豆腐、白萝卜加入到宝宝辅食中。

3. 当然也可以从辅食的食材中选出几种加入到大人的饭菜中，如做韭菜炒猪肝时，加入一点豆腐口感更丰富，宝宝也可以一起吃。

自制关东煮

准备时间：5 分钟

烹饪时间：30 分钟

原料

骨汤 800 毫升，鱼丸 4 个，白萝卜 1/2 根，胡萝卜 2 根，虾皮、盐各 5 克。

制作

1. 白萝卜、胡萝卜清洗干净，刮去表皮。
2. 白萝卜切成 2 厘米见方的块。
3. 胡萝卜切成 1 厘米厚的圆片。
4. 骨汤倒入汤锅中，大火煮开后加入盐和虾皮，改小火熬煮 5 分钟。
5. 汤锅改大火，放入鱼丸、切好的胡萝卜片和白萝卜块，煮至沸腾，改小火熬制 10 分钟至食材熟透入味即可。

韭菜炒猪肝

准备时间：10 分钟　　烹饪时间：30 分钟

原料

鲜猪肝 80 克，韭菜 30 克，鸡蛋 1 个，生抽 30 毫升，料酒 15 毫升，色拉油、盐、淀粉、水各适量。

制作

1. 鲜猪肝切片，加入盐、料酒、生抽、淀粉，搅拌均匀后腌制 15 分钟。
2. 韭菜洗净，切段。
3. 鸡蛋加少量盐打散，制成蛋液。
4. 锅中注入色拉油烧热，倒入蛋液，稍加凉水，大火炒成鸡蛋块，盛出。
5. 锅中加入适量色拉油再次烧热，放入猪肝，翻炒至卷曲变色，再加入韭菜、盐翻炒半分钟。
6. 最后倒入鸡蛋块，炒匀即可。

需要改变形状的

只要在烹调时，对大人的食物进行形状上的调整，适合宝宝在不同阶段的咀嚼需求，就能省时省力地将大人餐和宝宝餐一起完成。常见的处理方式有以下几种。

1. 缩小尺寸。将原来适合成人的尺寸缩小至原来的1/3及以下，如后文中提到的“袖珍肉夹馍”。

2. 通过不同的烹调处理方式，使食材更“软圆”。如后文中的“爽口鸡肉”，采用稍腌渍、裹上干淀粉的方式，使鸡肉的口感更软，适合宝宝食用。

3. 改变原有的形态。在宝宝只能吃泥糊状辅食的阶段，可以将原来的红烧狮子头改成红烧肉末，同时减少调味料的使用量，使其适合宝宝食用。

袖珍肉夹馍

准备时间：10分钟

烹饪时间：2小时

原料

小馍饼5个，猪五花肉500克，八角、桂皮、草果、砂仁、肉蔻、白芷、生姜、青椒、酱油、盐、水各适量。

制作

1. 猪五花肉切小块，焯水去除血沫，青椒洗净，切碎。
2. 锅里加入水，放入八角、桂皮、草果、砂仁、肉蔻、白芷、生姜、五花肉，大火煮开后放入酱油、盐，以小火炖制1.5小时左右至熟烂，取出剁碎。
3. 小馍饼用刀在一边划开至3/4，夹入切好的肉碎、青椒碎，淋入肉汁即可。

爽口鸡肉

准备时间：10 分钟　　烹饪时间：20 分钟

原料

鸡胸肉 200 克，去壳白果仁 4 粒，菠菜梗 30 克，白糖、干淀粉各 10 克，酱油、黄酒各 5 毫升，清水、沸水各适量。

制作

1. 鸡胸肉洗净后切成小块，加入黄酒及酱油腌制上色，再裹上干淀粉备用。
2. 白果仁去芯，放入沸水中焯煮 5 分钟。
3. 菠菜梗放入沸水中焯烫后切成 2 厘米长的小段备用。
4. 小煮锅中放入清水、酱油、白糖搅拌均匀，大火烧开，将鸡胸肉块和白果仁放入锅中，煮约 5 分钟，盛到碗中，放上菠菜段，淋上一些煮汁即可。

用冷冻食品制作的简单餐

在准备食材时可以一次准备多顿辅食的量，用不了的先冷冻保存。需要用的时候只需从冰箱里拿出来解冻即可，避免了再次加工的麻烦。不仅如此，还可以尽量避免每次加工食材时的浪费，而且有备无患也一定会让您更加安心。

辅食要坚决避免腐坏，我们建议冷冻食材的时间不宜超过1周。

从冰箱中取出的食物可以直接放入微波炉加热解冻，当您需要做汤类或者蒸煮食品时，直接将冷冻的食材放入锅内即可，不需要先解冻。另外，还要绝对避免对解冻过的食物进行再次冷冻——否则不仅食物的味道会变差，还容易引起变质腐坏。

红薯蛋挞

准备时间：5分钟

烹饪时间：45分钟

原料

红薯1个，生鸡蛋黄2个，奶油20克，白糖适量。

制作

1. 红薯洗净，去皮，蒸熟，压成泥。
2. 加入白糖、生鸡蛋黄以及奶油搅拌均匀。
3. 将调好的红薯糊舀到蛋挞模型里。
4. 放入预热至180℃的烤箱内，烤15分钟即可。

小贴士

不要加入过多白糖。

山楂鳕鱼块

准备时间：10 分钟　　烹饪时间：20 分钟

原料

鳕鱼段 250 克，山楂 10 克，红薯 50 克，盐、糖、黄酒、胡椒粉、水各适量。

制作

1. 将鳕鱼段洗净；红薯切丁。
2. 将山楂去核，研碎。
3. 将山楂碎、盐涂在鳕鱼上，加适量水，蒸熟。
4. 加入胡椒粉、糖、黄酒，再蒸 5 分钟左右即可食用。

小贴士

黄酒的作用是去腥，用量不宜多。

拓展　葱丝蒸鳕鱼是更为常见的一道美食。

将外食处理成可以给宝宝食用的辅食

去油法

带着宝宝外出就餐，除了会喂给宝宝自制的辅食之外，也会喂一点其他食物，如肉类、海产品等。不过，通常外卖的食物对宝宝来说过油、口味偏重，如何能将过于油腻的口感给宝宝去掉呢？

1. 用白水浸泡。对于过于油腻的菜品，可以将夹起来的食材先在白水中稍微浸泡，让油尽量减少，这一方法特别适合面类菜品。如后文中的“牛肉炒面”，可以采用此法。

2. 在其他主食上进行“磨蹭”。米饭、馒头等主食，比起其他食材来说，有一定的油脂吸附能力。以后文中的“红烧带鱼”为例，可以夹起带鱼，在米饭上蹭掉表面的油。

3. 去掉油脂层。这一方法适合裹面油炸的菜品，如炸茄合、里脊肉等，可以把最外层剥掉，露出内层的食材，给宝宝磨碎后食用即可。

红烧带鱼

准备时间：10 分钟

烹饪时间：20 分钟

原料

带鱼段500克，葱段、姜片、蒜片、青椒、红彩椒、香菜末、盐、白糖、酱油、色拉油、水各适量。

制作

1. 将带鱼段洗净，锅内注入色拉油烧热，加入青椒、红彩椒、葱段、姜片、蒜片煸香，加酱油烹锅。
2. 再加入没过原料的水，开锅后放入带鱼段。
3. 加盐、白糖调味，改小火烧至八成熟，用大火收至汤汁浓稠后出锅，去掉葱、姜、蒜、青椒及红彩椒。
4. 装盘，撒上香菜末即可。

小贴士

带鱼要选择鲜亮无异味的。

拓展 本菜口感偏甜鲜，也可以不加糖，保持咸鲜口味。

牛肉炒面

准备时间：15 分钟　　烹饪时间：20 分钟

原料

鸡蛋面200克，牛肉100克，黄豆芽50克，青椒、葱、蒜、盐、植物油各适量。

制作

1. 鸡蛋面放入开水锅内煮熟，捞出过凉。
2. 葱、蒜分别切末。
3. 黄豆芽洗净；牛肉、青椒分别洗净，切丝。
4. 炒锅内注入植物油烧热，爆香葱末、蒜末，放入牛肉丝炒至变色，再放入青椒丝、黄豆芽炒至牛肉熟透。
5. 最后放入鸡蛋面，加盐炒匀即成。

小贴士

黄豆芽可以先烫熟，避免炒时没熟透。

去盐法

外售食材还有一大特点是口味重，偏咸、偏辣、调味偏重。给宝宝吃的时候，如何减轻咸味就成了一个重要内容。所采用的常用方法有以下几种。

1. 用白水浸泡。这种方法在使用时与去油法相似，主要是把食材放在水中浸泡，去掉重口味。如后文中的“鸡肝拌菠菜”，就可以采用本法。

2. 加入少量其他调味料，如糖或醋，能有效缓和过咸的口感。

3. 多加入主食或其他味道清淡的食材，将其搅匀，也可有效改善口味过重的情况。

鸡肝拌菠菜

准备时间：5 分钟　　烹饪时间：15 分钟

原料

菠菜3棵，鸡肝50克，海米、醋、盐各适量。

制作

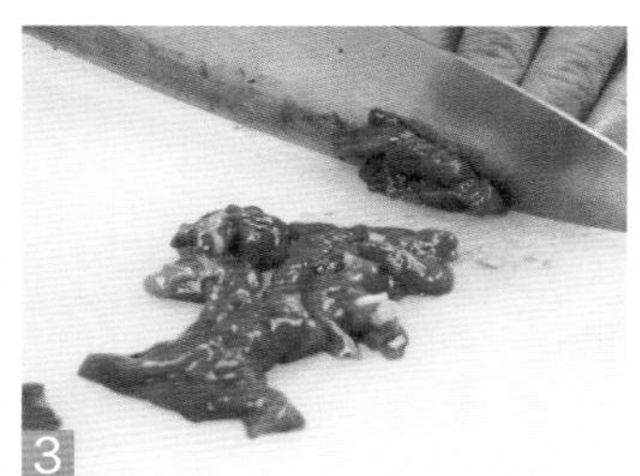

1. 将菠菜洗净，切成段。
2. 放入沸水中焯一下，沥水。
3. 鸡肝洗净，切成小薄片。
4. 将切好的鸡肝片放入沸水中煮透。
5. 将菠菜放入碗内，上面放上鸡肝片、海米。
6. 最后放入盐、醋调味，搅拌均匀即可。

小贴士

鸡肝要选择新鲜处理好的。

拓展 鸡肝可以换成猪肝。

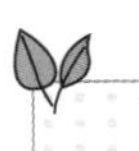

四季特色食材大人宝宝一起吃

春季

按中国传统医学的观点，春天应多食用辛、甘、温的食物，这类食物能滋补脾胃。少吃酸、涩的东西，饮食宜清淡，忌油腻、生冷。因春季肝气旺盛，宝宝容易出现口干舌燥的症状，所以要多吃新鲜蔬菜、水果，重点推荐以下几种食材。

韭菜：初春时节的韭菜品质最佳，颜色碧绿、味道浓郁，有益肝健脾、疏调肝气、增进食欲的功效，可谓是最应景的春季时蔬。适合宝宝食用。

菠菜：它是一年四季都有的蔬菜，但以春季的为佳，其根红叶绿，鲜嫩异常，尤为可口，含铁量高、含有大量的β-胡萝卜素，也是维生素 B_6、叶酸、铁和钾的极佳来源，特别适合宝宝食用。

茴香：它是药食两用的春季好时蔬，有行气、散寒的功效。在宝宝春季着风、外感寒邪的时候，吃茴香可以发散风寒，有食疗功效。

草莓：春季是草莓大量上市的季节。它含有较高的维生素C，香甜多汁、软硬适口，适合宝宝食用。

猪肉茴香饺子

准备时间：10 分钟

烹饪时间：30 分钟

原料

饺子皮10张，猪肉蓉、茴香（鲜）各100克，葱末25克，盐、香油各适量。

制作

1. 将茴香择洗干净，切成末，放入盆中。
2. 加入葱末、香油、盐、猪肉蓉拌匀，制成饺子馅。
3. 将饺子馅包入饺子皮中，制成饺子。
4. 将饺子下入开水锅中煮熟即成。

韭菜虾米饺子

准备时间：15 分钟　　烹饪时间：45 分钟

原料

面粉、韭菜各 500 克，瘦猪肉 250 克，小虾米 50 克，鲜香菇 6 朵，鸡蛋 1 个，香油、葱末、姜末、盐各适量。

制作

1. 瘦猪肉剁碎，小虾米也洗净剁碎，加入葱末、姜末混合在瘦猪肉中，加盐搅拌，变黏后停下。
2. 韭菜洗净，控去水分，切碎。
3. 香菇洗净，切碎，和韭菜混合，再加入香油拌匀。
4. 面粉中加入打散的鸡蛋和成面团，饧 20 分钟后擀成饺子皮。
5. 把韭菜碎分次加入调好的肉馅中，搅匀之后就是饺子馅。
6. 将饺子馅包入饺子皮中，包好之后马上煮熟即可食用。

小贴士

韭菜要最后加，可以避免出水太多，馅不好包。

菠菜面条

准备时间：10 分钟　　烹饪时间：35 分钟

原料

新鲜菠菜 200 克，中筋面粉 150 克，盐 3 克，清水 30 毫升，开水、干面粉各适量。

制作

1. 菠菜洗净，用开水焯熟，切成小段。
2. 食物料理机中加入盐、30 毫升清水，搅打成菠菜糊，挤出菠菜汁。
3. 取 75 毫升菠菜汁倒入中筋面粉中，用筷子搅拌成絮状。
4. 用手将面絮揉成光滑的面团，盖上纱布静置 15 分钟。
5. 将松弛好的面团擀开，擀成薄的大面片。
6. 撒上干面粉，折成三折，切成细的面条。
7. 锅中烧开水，将面条煮熟即可。

小贴士

擀面条时，可以撒些干面粉，避免粘连。

翡翠腐竹

准备时间：10 分钟　　烹饪时间：20 分钟

原料

五花肉10克，干腐竹15克，胡萝卜30克，木耳5克，韭菜20克，盐、蚝油、色拉油、葱花、温水各适量。

制作

1. 干腐竹掰成小段，放入温水中泡发。
2. 胡萝卜切薄片，木耳泡发后，撕成小块。
3. 韭菜切段（只要韭菜白，不要叶），五花肉切片。
4. 锅内放入色拉油烧热，用葱花爆香，加入五花肉煸炒，放少许蚝油炒上色，放入腐竹段、胡萝卜片、木耳块煸炒。
5. 撒入盐，添入少量水烧开，放入韭菜翻炒半分钟出锅即可。

小贴士

蚝油已有咸味，因而放盐时，量一定要少，避免过咸。

夏季

宝宝在夏季饮食宜清淡，少食肥甘厚味、易上火之物，饮食上要注意补充水分，增加蛋白质、矿物质、维生素的摄入量，多喝汤类。但是不要贪凉，一定不要过食冷饮。夏季重点推荐以下几种适合宝宝吃的食材。

绿豆芽：绿豆在发芽的过程中，维生素C的含量会增加很多，性凉，特别适合宝宝在夏季食用。注意烹调过程要迅速。

番茄：番茄应该算是宝宝从小吃到大的食材之一了。盛夏之时上市的番茄，口感偏酸，但营养价值（如维生素C、番茄红素等）更高。

芦笋：芦笋是极为健康的蔬菜，且膳食纤维柔软可口，能增进食欲，帮助消化。让宝宝在夏季食用，爽脆可口。

乌梅：乌梅果肉含有较多的钾，制作的酸梅汤，可防止宝宝因汗出得太多而引起低钾现象，如倦怠、乏力、嗜睡等，是夏季清凉解暑生津的良品。

绿豆芽拌面

准备时间：5分钟　　烹饪时间：20分钟

原料

面条、绿豆芽各100克，黄瓜、葱、盐、香油、水各适量。

制作

1. 将黄瓜和葱分别洗净，切丝。
2. 绿豆芽洗净后焯熟，沥干。
3. 锅内添入适量水烧开，下入面条煮熟，捞出沥水。
4. 面条中加入绿豆芽、黄瓜丝、葱丝、盐、香油拌匀即成。

小贴士

煮面条时加入少许盐，可以防止黏结。

拓展　可以加入肉末炸酱，做成炸酱面。

番茄菜花

准备时间：10 分钟　　烹饪时间：15 分钟

原料

菜花 300 克，番茄酱 30 克，番茄 1 个，白糖 5 克，油 15 毫升，盐、大葱花各 5 克，香葱粒、水各适量。

制作

1. 菜花去除根部，用小刀切成小朵，再用清水冲洗干净。
2. 番茄洗净，切成小丁。
3. 锅中放入适量水，大火烧沸后将菜花放入，焯煮 2 分钟，再捞出沥干待用。
4. 中火烧热锅中的油，待烧至六成热时将大葱花放入爆香。
5. 随后放入番茄酱翻炒片刻，再调入少许水大火烧沸。
6. 将菜花和番茄放入锅中，再调入盐和白糖翻炒均匀。
7. 最后将汤汁收稠，装盘后撒上香葱粒即可。

鲜虾芦笋手卷

准备时间：5 分钟

烹饪时间：15 分钟

原料

寿司饭200克，海苔片2张，芦笋4根，鲜虾2只，鸡蛋丝、沸水各适量。

制作

1. 鲜虾去头去壳，留尾，挑去虾线。
2. 将鲜虾和芦笋放入沸水中烫熟。
3. 取1张海苔片在一边放上寿司饭（100克），再放入2根芦笋和1只大虾，点缀适量鸡蛋丝，卷成卷。
4. 剩余的食材再做一个即可。

酸梅汤

准备时间：3 分钟

烹饪时间：40 分钟

原料

乌梅12颗，干山楂片30克，冰糖、水各适量。

制作

1. 在汤锅中加入水，放入洗净的乌梅、干山楂片。
2. 大火烧沸，转小火继续煮制30分钟。
3. 加入冰糖，不断搅拌，直至冰糖彻底溶化，过滤后取出，稍稍放凉即可。

秋季

秋季阴气渐长，饮食要顺应时节，防燥养阴，滋阴润肺，调节脾胃。宝宝的食物应以温、软、淡、素、鲜为宜，不宜吃过冷、过烫、过硬、过辣、过黏的食物。

莲藕：它是宝宝饮食中的上好食材，能增进食欲、促进消化；另外，有一定的健脾止泻作用。秋季也是莲藕大量上市和最好吃的季节。

山药：秋季盛产新山药。山药具有助消化、敛虚汗、止泻的功效。做法多样，口感软烂，适合宝宝食用。

南瓜：秋天是吃南瓜的好季节。南瓜中含有丰富的营养物质，对改善秋季宝宝的嘴唇干裂、鼻腔流血以及皮肤干燥等症状大有益处。

核桃：核桃含有大量的多不饱和脂肪酸，特别是磷脂类的物质，多吃核桃有益于宝宝营养的全面均衡。

琥珀核桃

准备时间：3 分钟

烹饪时间：15 分钟

原料

核桃仁300克，白糖、香油、清水各适量。

制作

1. 核桃仁洗净，沥干水分。
2. 锅内加入少量清水，加入白糖，小火熬到糖汁浓稠。
3. 将核桃仁放入糖汁中翻炒，使糖汁包裹在核桃仁上。
4. 将锅刷干净，放入香油加热，待香油热时，投入裹满糖汁的核桃仁。
5. 用文火炸至金黄色即可。

小贴士

炸核桃仁时油温不宜太高，避免把糖烧焦。

南瓜甜汤

准备时间：3 分钟

烹饪时间：30 分钟

原料

南瓜 150 克，淡奶油 25 克，蜂蜜、水各适量。

制作

1. 将南瓜洗净，去皮、瓤，切片。
2. 将南瓜片放入锅中，添入没过南瓜的水，煮至南瓜软烂后关火，冷却。
3. 将南瓜连汤一起倒入食物料理机内打成南瓜汤。
4. 调入淡奶油和蜂蜜拌匀，装碗即成。

山药泥小窝头

准备时间：10 分钟

烹饪时间：30 分钟

原料

面粉、玉米面各 60 克，黄豆面、无糖全脂奶粉各 20 克，铁棍山药 200 克，豆沙馅、清水各适量。

制作

1. 铁棍山药蒸熟，去皮，压成泥状。
2. 面粉、玉米面、黄豆面、无糖全脂奶粉放入碗中，加入清水，边加入山药泥边搅拌，和成面团。
3. 依次取适量面团，用手团成小窝头的形状。把窝头从下面掏个洞，放入豆沙馅，再用面团把洞封住。
4. 蒸锅中放入清水，放入小窝头。待水沸上汽后再蒸 10 分钟即可。

莲藕薏米排骨汤

准备时间：10 分钟　　烹饪时间：2 小时 30 分钟

原料

排骨 100 克，薏米 50 克，莲藕 1 节，油菜 1 棵，醋、水各适量。

制作

1. 莲藕洗净，去皮，切薄片。油菜洗净备用。
2. 薏米洗净；排骨洗净，焯水。
3. 将排骨放入锅内，加适量水，大火煮开后加入一点醋，转小火。
4. 煲 1 小时后将莲藕、薏米、油菜全部放入，大火煮沸后，改小火煲 1 小时即可。

小贴士

排骨焯水可以去掉血沫及异味。

冬季

冬季饮食要首先保证宝宝的热量供给，可适当多摄入富含碳水化合物和脂肪的食物，如肉类、根茎类蔬菜等，还要适当补充维生素。

栗子：有“千果之王”的美称，是碳水化合物含量较高的干果品种，具有益气健脾、厚补胃肠的作用，冬季的栗子口感香甜，适合宝宝食用。

紫薯：紫薯与土豆同属于根茎类蔬菜，营养价值都很高。能有效帮助宝宝补铁，促进宝宝生长发育，增强身体免疫力，适合宝宝在冬季食用。

土豆：土豆制熟后软香可口，洗去淀粉后炒制清脆可口，是深受宝宝欢迎的食材之一。深秋初冬是土豆收获的季节，当季的食材最好吃。

白萝卜：中国人有“冬吃萝卜夏吃姜，一年四季保安康”的说法。对宝宝来说,白萝卜不辣,而且有很好的消积滞、清热、理气的功效，在冬季可以多吃。

栗子炖鸡

准备时间：10 分钟

烹饪时间：40 分钟

原料

鸡块 250 克，栗子（去皮）10 粒，姜 3 片，料酒、老抽各 15 克，生抽 30 克，葱段、盐、冰糖、色拉油、热水各适量。

制作

1. 鸡块放入开水锅中焯烫，取出。
2. 锅中放入适量色拉油烧热，放入葱段、姜片爆香，下入鸡块翻炒 2 分钟，转中火加料酒、老抽、生抽，翻炒 2 分钟。
3. 加栗子一起炒 1 分钟，加入足量热水，放入冰糖，烧开后加盖炖煮 30 分钟。
4. 出锅前加盐调味即可。

土豆炖牛肉

准备时间：10 分钟　　烹饪时间：2 小时

原料

牛肉 250 克，土豆 200 克，胡萝卜 50 克，嫩玉米 1 根，大葱、姜、小茴香、花椒、八角、香叶、老抽、盐各适量。

制作

1. 土豆、胡萝卜切滚刀块；嫩玉米切小块；大葱切段，姜切片。
2. 牛肉切成均匀的小块，冷水入锅。
3. 大火烧开后放入大葱、姜、八角、小茴香、香叶、花椒。
4. 小火炖 1.5 小时，炖的过程中用勺子撇净浮沫，加入土豆块、胡萝卜块、玉米块。
5. 倒入生抽拌匀，加入适量盐调味，小火炖 10 分钟即可。

小贴士

炖肉的过程中撇除浮沫，可以去掉血腥味。

紫薯香蕉卷

准备时间：10 分钟

烹饪时间：20 分钟

原料

吐司面包 2 片，香蕉 1 根，紫薯 200 克，牛奶适量。

制作

1. 吐司面包切去边，紫薯洗净，去皮，切块，蒸熟盛出，压成紫薯泥，加入牛奶，搅拌均匀。
2. 将吐司面包放入刚才的蒸锅中，熏软。
3. 两片叠在一起，擀成薄片。
4. 铺上紫薯泥，放上香蕉，卷紧，切成小卷即可。

白萝卜丝煎饼

准备时间：5 分钟

烹饪时间：15 分钟

原料

白萝卜、中筋面粉各 150 克，鸡蛋 2 个，碎虾皮、香葱花、花椒盐、植物油、水各适量。

制作

1. 白萝卜擦成细丝。
2. 白萝卜丝、中筋面粉和鸡蛋加水混匀成糊，加入碎虾皮、花椒盐搅匀。
3. 不粘平锅中放少量植物油，把混合面糊舀入锅中，摊成圆饼，撒上香葱花点缀，烙熟即可。

Part 5

宝宝功能性食谱

◎感冒
◎发热
◎咳嗽
◎呕吐
◎腹泻
◎口腔炎症（口疮溃疡等）
◎过敏
◎挑食
◎便秘
◎健脑

感冒

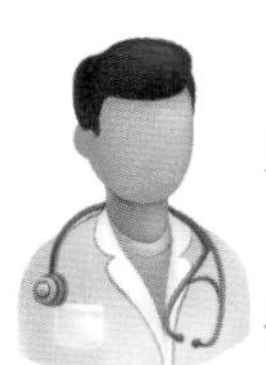

感冒一年四季均可发病，是宝宝最常见的外感疾病，通常表现为鼻塞、流涕、喷嚏、发热、咳嗽、头痛等症状。

◎患感冒期间宝宝要多饮温开水，多食新鲜水果、蔬菜，供给清淡饮食，可吃点米粥、汤面等易消化的食物。

◎患感冒后应多卧床休息，减少活动，保持室内通风换气，避免去人群密集、通风不畅的场所。

◎感冒后，孩子会流鼻涕，可以用油类涂抹于鼻下及鼻翼周围，能保护鼻子周围皮肤，避免鼻子擤破皮。可以用淡盐水漱口，能缓解喉咙不适，预防口腔炎。

白萝卜炖排骨

准备时间：10 分钟　　烹饪时间：90 分钟

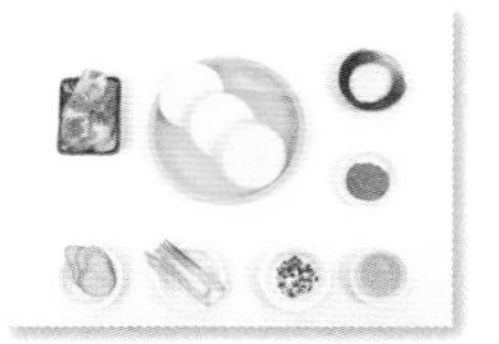

原料

猪排500克，白萝卜250克，葱段、姜片、料酒、花椒、胡椒粉、盐、水各适量。

制作

1. 猪排剁成小块，放入开水锅中焯一下，捞出用凉水冲洗干净。
2. 白萝卜去皮，切条。
3. 将猪排、白萝卜条放入锅中，加入水，放入葱段、姜片、料酒、花椒、胡椒粉，用中火煮炖90分钟至肉烂、萝卜软。
4. 加盐调味即成。

小贴士

猪排焯水3～5分钟，煮到没有血水出来为止。

紫苏粥

准备时间：5 分钟　　烹饪时间：50 分钟

原料

紫苏叶6克，粳米50克，红糖、水适量。

制作

1. 粳米用清水淘洗干净。
2. 砂锅内加入适量水，放入紫苏叶，煮沸1分钟，去渣取汁备用。
3. 锅内加水，烧开，加入粳米煮粥。
4. 待粥熟时，再加入紫苏叶汁和红糖，搅匀即成。

小贴士

紫苏粥有暖胃散寒、止咳平喘的功效，适合风寒感冒。

咳嗽

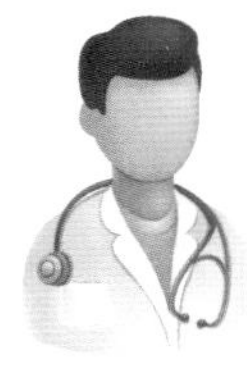

咳嗽是由于呼吸道炎症、异物或其他物理、化学等因素刺激呼吸道黏膜，通过咳嗽中枢引起的动作。咳嗽是一种保护性的反射，可排出呼吸道的异物或者痰。但是咳嗽也可导致呼吸道出血，影响睡眠。

◎宝宝出现咳嗽或婴儿出现呛奶或拒乳，且伴有高热，有可能是呼吸道感染，应及时就医。

◎如宝宝出现喘憋、高热等情况，应立即送医院就诊。对于反复咳嗽的患儿应注意清理鼻咽部的慢性病灶，明确病因，避免误诊而延误病情。

◎如果宝宝咳嗽不止，可以将其头部抬高，促进鼻腔分泌物的排出，缓解呼吸困难。此外，可以经常更换宝宝的体位，促进痰液的排出。

◎喂奶后，避免马上躺下睡觉，防止发生吐奶和误吸。发生误吸时，应立即采取头低足高位，轻拍宝宝背部，通过咳嗽将吸入物咳出。对于痰液黏稠的宝宝，应鼓励多饮水，以促进痰液的排出。

冰糖炖梨

准备时间：5 分钟

烹饪时间：30 分钟

原料

梨 1 个，冰糖 30 克，水适量。

制作

1. 梨洗净，去皮、去核，切块。
2. 锅内加水，放入梨块，大火煮开。
3. 转小火，加入冰糖。
4. 炖 20 分钟即可。

小贴士

梨块不要切得太大，否则不容易炖软。

山药糯米大枣浆

准备时间：20 分钟　　烹饪时间：10 分钟

原料

山药 100 克，圆粒糯米 50 克，大枣 5 个，盐 1 克，水 900 毫升。

制作

1. 山药洗净切段，上锅蒸熟后取出，去皮。
2. 大枣洗净，去核。
3. 将圆粒糯米淘洗干净，捞出沥干。
4. 将山药、红枣、圆粒糯米一同放入豆浆机中。
5. 加入 900 毫升水，搅打成浆，装碗，加盐搅匀即可。

小贴士

山药蒸熟后非常容易去皮，只要用刀由上而下轻轻划一刀，就能轻松去皮。

腹泻

小儿腹泻根据病因分为感染性和非感染性两类，是由多病原、多因素引起的以腹泻为主的一组临床综合征。

一般轻症腹泻的患儿，是不会出现精神萎靡、嗜睡、抽搐、惊厥、抽风、昏迷等症状的，一旦出现这其中的某些症状，应及时就医。

◎腹泻时应在医生的指导下规范诊疗，不要擅自乱用抗生素。大便量多时要预防脱水。

◎应注意护理，喂养要少量多次，清淡饮食。

◎注意保护腹部，勿受凉，每次便后用温水洗净肛门，勤换尿布。

◎宝宝吃饭时要细嚼慢咽，以减轻胃肠负担。对食物要充分咀嚼以减轻胃内消化负担。

焦米汤

准备时间：10 分钟

烹饪时间：20 分钟

原料

大米 30 克，温水适量。

制作

1. 将大米放入铁锅中，干炒出香味。
2. 加 4 ~ 7 倍量的温水，煮成米汤。

小贴士

炒焦的米粒有止泻的作用。

蛋黄油

准备时间：2 分钟　　烹饪时间：20 分钟

原料

鸡蛋 1 个。

制作

1. 鸡蛋煮熟，去壳和蛋白。
2. 将蛋黄放在小锅里，小火微煎。
3. 用锅铲不断翻炒，蛋黄逐渐变焦、变黑，最后渗出蛋黄油。
4. 除渣后分 2 ~ 3 次给宝宝食用。

小贴士

蛋黄油有补脾健胃和止泻的作用。

银耳苹果瘦肉粥

准备时间：20 分钟　　烹饪时间：40 分钟

原料

银耳10克，苹果半个，瘦猪肉10克，大米15克，干淀粉、盐各少许，水适量。

制作

1. 将银耳泡发后洗净，剥成小片；苹果洗净，去皮去核，切成小块；瘦猪肉洗净，切成约1厘米的厚片，再用少许干淀粉拌匀备用。
2. 取一深锅，加入水和大米，用小火慢慢煮开。
3. 放入备好的银耳片和苹果块，继续煮15分钟。
4. 加入瘦猪肉片继续煮10分钟，加入少许盐，搅拌均匀即可。

小贴士

质量好的银耳，耳花大而松散，耳肉肥厚，色泽呈白色或略带微黄，蒂头无黑斑或杂质，朵形较圆整，大而美观。

过敏

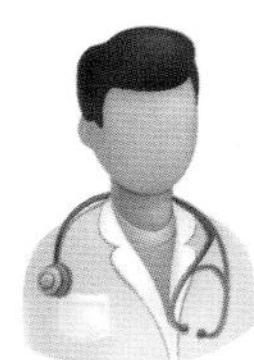

宝宝过敏是机体受抗原性物质（也称过敏原，如花粉、粉尘、食物、药物、寄生虫等）的刺激后，引起的组织损伤或生理功能紊乱，属于异常的或病理性的免疫反应。常见的过敏性疾病有过敏性鼻炎、过敏性哮喘和过敏性皮肤病。

◎对已经发生过敏性疾病的患儿积极进行治疗，如过敏性皮炎，以防发生其他过敏性疾病。

◎积极防治急性呼吸道疾病，以免诱发过敏性鼻炎。

◎保持室内干燥通风，消除室内尘螨，每周用热水洗涤床上用品，并用热烘干器烘干或用阳光暴晒使其干燥。

◎床上用品最好使用防螨材料制品，每天起床叠被子。

◎少用填充家居用品或毛绒玩具、地毯和挂毯，室内尽量少放家具。

◎不在室内吸烟，避免带孩子到吸烟的场所，定期注射流感疫苗。

◎花粉多的季节少带患儿出门，尤其是有风的时候，要特别减少甚至避免户外活动。

银耳梨粥

准备时间：5 分钟

烹饪时间：50 分钟

原料

大米 30 克，梨 1 个，银耳 20 克，水适量。

制作

1. 银耳用水泡发，洗净，撕成小块。
2. 梨洗净，去皮，去核，切成小块。
3. 大米淘洗干净，用水浸泡 30 分钟。
4. 将大米、银耳、梨一同放入锅中，加入适量水，煮至米烂汤稠即可。

小贴士

银耳煮完后当天食用最好。

胡萝卜糙米粥

准备时间：10 分钟　　烹饪时间：3 小时

原料

糙米 30 克，胡萝卜半根，母乳、配方奶或牛奶、水各适量。

制作

1. 糙米淘洗后用清水浸泡 2 小时。
2. 将糙米放入高压锅。胡萝卜洗净、去皮后切碎末，放入高压锅，加 4 倍量的水煮成粥。
3. 加入奶调匀，给宝宝食用。

小贴士

糙米因为保留了胚芽和内皮，如果保存不当或放置时间长了，容易氧化变色。

便秘

小孩便秘的主要表现有：大便量少、干燥；大便难以排出，排便时有痛感；腹部胀满、疼痛；食欲减退。长期便秘可导致孩子出现烦躁、不愿吃饭、睡眠差、口臭、体重不增等。长期便秘，会因肛门疼痛而惧怕排便，久之排便更加困难，导致恶性循环。

◎当宝宝出现便秘时，不宜频繁使用开塞露，应以饮食调理为主。

◎平时饮食增加谷类食物、蔬菜、水果，并多饮水。

◎避免经常使用泻药，泻药虽有暂时通便作用，但久用反而减缓肠道蠕动，加重便秘。对于疾病引起的肠壁肌肉张力减弱、蠕动减慢者，应积极采取治疗措施。

◎从小训练孩子规律排便，使直肠的排便运动产生条件反射。

◎每天保证一定的运动量，上午、下午各不少于1小时。

◎饮食规律，睡眠充足。

◎孩子生理排便费力，肛门处可见大便，但难以排出时可用开塞露。

松子仁粥

准备时间：5分钟　烹饪时间：50分钟

原料

大米100克，松子仁30克，白糖、水各适量。

制作

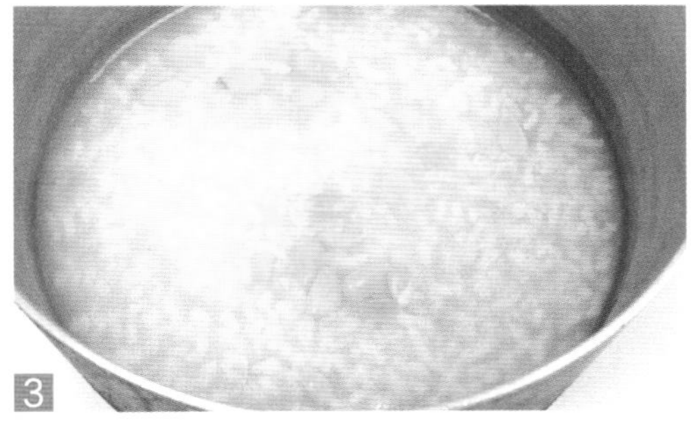

1. 将大米用清水淘洗干净。
2. 锅中加水，放入大米，开火煮粥。
3. 粥熟前放入松子仁，煮至粥熟。
4. 加入白糖即可。

小贴士

此粥可润肠增液，滑肠通便，白糖少量使用即可。

杏仁羹

准备时间：10 分钟　　烹饪时间：15 分钟

原料

山药 50 克，核桃仁 20 克，杏仁 15 克，蜂蜜、水各适量。

制作

1. 将山药洗净去皮，切小粒。
2. 核桃仁、杏仁分别洗净去皮，切碎。
3. 锅中加水，放入山药粒、核桃仁碎、杏仁碎煮沸。
4. 加蜂蜜调匀即可。

小贴士

山药富含黏液，去皮时可以戴上一次性手套，避免手沾到黏液发痒。

发热

发热即体温异常升高超出正常范围（宝宝正常体温一般在36～37℃）。可分为低热（37.5～38℃），中度发热（38.1～39℃），高热（39.1～41℃），超高热（41℃以上）。

◎发热后，要及时有效地控制体温。每小时测体温1次，有变化者随时测量。

新生儿发热时，应注意解开包被，这样有利于散热降温。

◎当体温达到38.5℃以上时，应及时服用退热药，如精神差，应及时就医，明确诊断，在医生的指导下规范诊疗。

◎发热后，应选容易消化的流质或半流质食物，以清淡为宜，如米汤等，并添加营养丰富的绿色蔬菜，以补充维生素。注意补充水分，多饮水，以防耗伤津液。发热的宝宝食欲不好，家长应避免强迫宝宝进食，以免胃部不适引起呕吐。

◎发热时可配合物理降温，如温水擦浴或温水浴。

菠菜鸭血豆腐汤

准备时间：10分钟

烹饪时间：15分钟

原料

豆腐1小块，鸭血1小块，菠菜、水各适量。

制作

1. 鸭血、豆腐洗净，分别切成小块。
2. 菠菜洗净焯水，切段。
3. 砂锅内添入适量水，放入鸭血、豆腐同煮。
4. 10分钟后加入菠菜段略煮即可。

小贴士

菠菜先在沸水中焯1分钟，可以除掉其中的草酸。

凉拌西瓜皮

准备时间：10 分钟　　烹饪时间：1 小时 10 分钟

原料

西瓜皮 100 克，盐、白糖、醋、红彩椒碎各适量。

制作

1. 西瓜皮削去外面的翠衣，洗净。
2. 放入容器中，加盐、白糖拌匀，腌制 1 小时。
3. 将腌软的西瓜皮切成丁，用水略漂洗，放入碗中。
4. 将适量醋淋在西瓜皮上，可加适量红彩椒碎调味，搅拌均匀即可。

小贴士

先腌制西瓜皮是为了将西瓜皮软化，以及逼出其中多余的水分。

呕吐

呕吐多发生在夏季。发病时食物从胃中上逆经口腔吐出，称为呕吐。若能及时治疗，宝宝很快就能恢复，但若处理不当，经常或者长期呕吐，则会损伤胃气。胃的腐熟功能下降，津液耗损，气血亏虚，易使宝宝营养不良。

◎呕吐时，家长要立即将孩子的头侧向一边，以免呕吐物呛入气管引起吸入性肺炎。

◎小宝宝可用纱布蘸温水来清洁口腔；大宝宝可以用温开水漱口，以保持口腔清洁。

◎呕吐较轻者，可进食少量的流质或半流质食物，如米汤、面汤等。呕吐较重者应禁食，正确的处理方法是先暂时禁食 4 ~ 6 小时，包括温开水、配方奶等。若宝宝需要喝水，可以将棉花棒蘸水湿润口腔，当症状改善，宝宝感觉较舒服时，再少量多次给予电解质饮品。若无明显恶心、呕吐、腹胀情形，可再给予清淡食物（如粥、米饭、面包、馒头），但应避免奶制品、油。

姜糖水

准备时间：5 分钟

烹饪时间：10 分钟

原料

姜、陈皮、红糖、水各适量。

制作

1. 姜洗净，切片。
2. 陈皮洗净。
3. 锅内加适量水，煮沸，下入姜片、陈皮煮 5 分钟。
4. 再加入红糖略煮即可。

小贴士

姜也可以切成丝，煮好后最好趁热喝，少量饮用，慢慢喝。

姜片饮

准备时间：2 分钟　　烹饪时间：12 分钟

原料

姜 70 克，水适量。

制作

1. 姜洗净，切片。
2. 向适量水中放入姜片，煮 10 分钟。

小贴士

少量多次服用。

口腔炎症（口疮溃疡等）

口腔炎症以齿龈、舌体、两颊、上颚等处出现黄白色溃疡，疼痛流涎或伴发热为特征。本病可单独发病，也可伴发于其他疾病之中，没有明显的季节性，2~4岁的宝宝多见，预后良好。体质虚弱的宝宝可反复发作，迁延难愈。

◎初期口疮尚未破溃时，宜清淡饮食，忌辛辣刺激性食物。保持心情舒畅，避免情绪急躁。

◎中期不敢进食时，应以温凉食物为主，避免食用酸性食物。注意口腔外周皮肤卫生，及时擦干口水。

◎后期有新生黏膜更替时，多食甘味食物，以促进新生黏膜形成；适当补充水分，保持大小便通畅。

◎平时保持口腔清洁卫生，早晚刷牙或漱口，给新生儿、婴儿做口腔护理时，动作宜轻柔，避免损伤口腔黏膜。定期给餐具、玩具、奶瓶消毒。母乳妈妈也要做好乳头的清洁工作，哺乳前后，用清洁的纱布蘸温水擦拭乳头。

葱炒大白菜

准备时间：10分钟

烹饪时间：10分钟

原料

白菜300克，植物油、醋、白糖、盐、大葱各适量。

制作

1. 白菜洗净，切成丝；大葱切成葱花。
2. 锅中注入植物油烧热，放入葱花炝锅。
3. 放入白菜丝翻炒，加入醋、白糖、盐调味。
4. 关火，盛出即可。

小贴士

白菜含水量比较大，炒时不用加水。

番茄菠菜汁

准备时间：5分钟　　烹饪时间：20分钟

原料

番茄500克，菠菜600克。

制作

1. 番茄洗净，用热水烫后，去皮。菠菜洗净，切碎。
2. 将番茄切块，捣烂挤汁，取汁150毫升。
3. 菠菜碎用榨汁机榨汁，取汁150毫升。
4. 两汁混合搅匀，煮沸即可。

小贴士

番茄洗净后，可以在表面划十字刀，再烫，去皮更方便。

挑食

孩子不爱吃饭是父母最头疼的一件事，偶尔不爱吃，并不是厌食。厌食是指较长时期不爱吃饭、没食欲，甚至见到饭就不想吃的一种常见现象。

◎纠正不良的饮食习惯，不偏食、不挑食，不强迫进食，饮食规律，荤素搭配，少食肥甘厚腻、生冷坚硬等不易消化的食物。鼓励患儿多食蔬菜及粗粮。不吃或少吃零食，尤其是少吃甜食、冷饮等。

◎不强求进食，要让宝宝在安静愉快的情况下进餐。如果在进餐过程中，总是发生一些不愉快的事情，那么宝宝自然就会形成条件反射，表现出厌食。

◎注意食物的色、香、味、形及营养搭配，食物的种类和制作方法要经常变换，以增加食欲。

山药莲子羹

准备时间：5分钟　　烹饪时间：30分钟

原料

新鲜山药50克，莲子30克，水适量。

制作

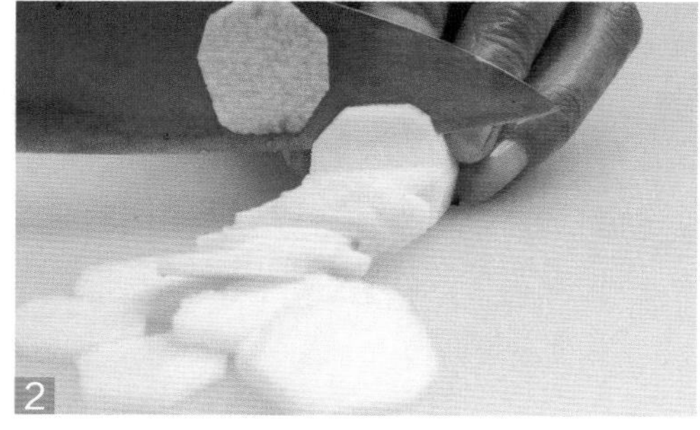

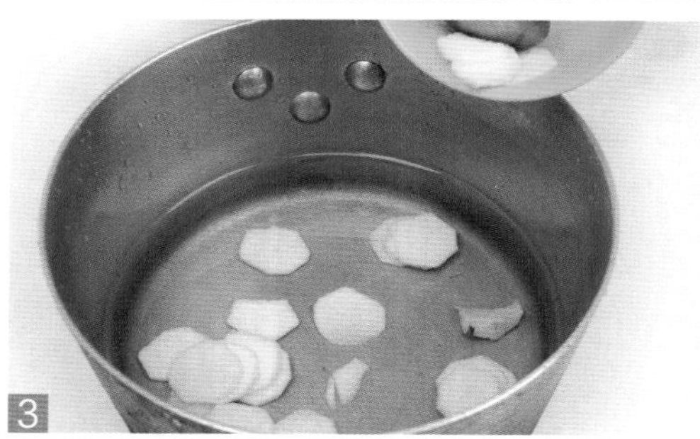

1. 莲子洗净。
2. 新鲜山药洗净，去皮，切片。
3. 锅中注水，放入山药片。
4. 再加入莲子炖成羹。

小贴士

最好选用砂锅煮；莲子选用通心的，口感会更好。

健脑

◎健脑首先应保证大脑营养，大脑缺乏营养会造成脑部发育缺陷。宝宝除了多吃些富含蛋白质的食品，如鱼虾、瘦肉、蛋类、乳制品、豆制品外，尽可能吃些五谷杂粮、蔬菜、水果，为大脑提供充足的能源。具体来说，植物性食物有核桃、黑芝麻、小米、玉米、枣、海藻类、南瓜子、西瓜子、葵花子、杏仁、松子、花生、豆制品等；动物性食物有鱼、虾、猪、牛、羊、鸭等。蜂蜜、母乳也是很好的补脑食品。

◎要勤用脑、巧用脑。俗话说："脑子越用越灵"。婴幼儿脑易兴奋、好疲劳，家长应合理安排婴幼儿一天的生活，做到巧用脑。即根据不同年龄，使其听、看、画、跳等活动穿插进行，让大脑各部分轮流工作，有利于大脑健全发育。

◎起居作息有规律，劳逸适度，规律进餐，定时活动，要有充足适当的睡眠，养成早睡早起的习惯，不熬夜。新生儿每日约需18~20小时的睡眠；出生后半年内每日约需15~18小时的睡眠；幼儿每日约需12~15小时的睡眠。

◎高质量陪伴孩子，多和孩子做互动游戏，促进脑发育。

◎避免过多过早看电视、手机、电脑等电子产品，2岁以后每天看电视时间不超过30~40分钟。

松仁海带

准备时间：5分钟

烹饪时间：1小时

原料

松仁20克，海带50克，高汤适量。

制作

1. 松仁洗净。
2. 海带洗净，切成细丝。
3. 将高汤、松仁、海带丝放入锅内。
4. 煨熟即可。

小贴士

一定要用小火慢慢煨熟，大约1小时最好。

西蓝花虾仁

准备时间：10 分钟　　烹饪时间：15 分钟

原料

虾仁30克，鸡蛋1个，西蓝花20克，盐、淀粉、高汤、植物油各适量。

制作

1. 鸡蛋取蛋清。
2. 虾仁洗净，加入盐、蛋清及淀粉搅拌均匀。
3. 西蓝花洗净，掰成小朵。
4. 热锅内注入植物油，烧热。
5. 放入虾仁翻炒。
6. 再投入西蓝花，加入适量高汤，煮沸即可。

小贴士

搅拌虾仁时用的淀粉不可多，薄些更好。